高职高专土木与建筑规划教材

土力学与地基基础

周　斌　毛会永　主　编

清华大学出版社
北　京

内容简介

本书是根据国家标准《建筑地基基础设计规范》(GB 50007—2011)、《建筑桩基技术规范》(JGJ 94—2008)，按照国家示范建设专业人才培养方案和课程建设的目标和要求，结合高等职业教育的特点，强调针对性和实用性，结合多年教学实践编写而成的。

本书为了适应"十三五"规划教育部学科调整后的课程设置要求，加强了理论与工程实际的联系。全书共分 8 章，主要包括绪论、工程地质、土中应力与地基沉降、土的抗剪强度和地基承载力、土压力与边坡稳定、天然地基上的浅基础设计、桩基础工程、软弱地基处理、特殊土地基处理等方面的内容。

本书可作为高职高专土木工程、建筑工程技术、道路与桥梁工程、给排水工程、结构工程、工程地质、地下与隧道工程、地下工程、工程造价、工程管理、工程监理等相关专业的教学用书，也可作为中专、函授及土建类、道桥类、市政类、给排水类等工程技术人员的参考用书以及辅导教材。本书除具有教材的功能外，还兼具工具书的特点，是建筑工程业内施工、设计、勘察、监理人员必备的工具型手册，是建筑工程地基与基础工作不可多得的基本参考书。

图书在版编目(CIP)数据

土力学与地基基础/周斌，毛会永主编. —北京：清华大学出版社，2020.5（2022.8 重印）
高职高专土木与建筑规划教材
ISBN 978-7-302-54770-9

Ⅰ. ①土…　Ⅱ. ①周…　②毛…　Ⅲ. ①土力学—高等职业教育—教材 ②地基—基础(工程)—高等职业教育—教材　Ⅳ. ①TU4

中国版本图书馆 CIP 数据核字(2020)第 013283 号

责任编辑：石　伟　桑任松
装帧设计：刘孝琼
责任校对：李玉茹
责任印制：丛怀宇

出版发行：清华大学出版社
　　　　　网　　　址：http://www.tup.com.cn, http://www.wqbook.com
　　　　　地　　　址：北京清华大学学研大厦 A 座　　　邮　　编：100084
　　　　　社 总 机：010-83470000　　　　　　邮　　购：010-62786544
　　　　　投稿与读者服务：010-62776969, c-service@tup.tsinghua.edu.cn
　　　　　质量反馈：010-62772015, zhiliang@tup.tsinghua.edu.cn
　　　　　课件下载：http://www.tup.com.cn, 010-62791865
印 装 者：三河市龙大印装有限公司
经　　销：全国新华书店
开　　本：185mm×260mm　　　印　张：12　　　字　数：291 千字
版　　次：2020 年 5 月第 1 版　　　　　印　次：2022 年 8 月第 4 次印刷
定　　价：39.00 元

产品编号：083367-01

前　　言

随着城市建设的快速发展以及高层建筑、大型公共建筑、重型设备基础、城市地铁、越江越海隧道等工程的大量兴建，土力学理论与地基基础技术显得越来越重要。"土力学与地基基础"是土木工程专业一门理论性和实践性都较强的专业课，在本教材编写的过程中，以《建筑地基基础设计规范》(GB 50007—2011)、《岩土工程勘察规范(2009 年版)》(GB 50021—2001)、《建筑地基处理技术规范》(JGJ 79—2012)、《建筑桩基技术规范》(JGJ 94—2008)、《建筑边坡工程技术规范》(GB 50330—2013)、《土工试验方法标准》(GB/T 50123—2019)等有关设计新规范、新标准为依据，结合高职院校的特点，以突出实用性和实践性为原则，在保证土力学与地基基础相关理论框架完整性的基础上，适当删减实践中很少应用的高深物理理论和对复杂数学公式的推导，并引入一些工程案例，以实用为重点，理论联系实际，从而使本教材具有体系完整、内容精练、重点突出、通俗易懂、紧密结合工程实践的特点，并满足高职高专培养技能型人才的需要。

为了能更好地丰富学生的学习内容并激发学生的学习兴趣，本书每章均添加了大量针对不同知识点的案例，结合案例和上下文可以帮助学生更好地理解所学内容，同时配有实训练习，让学生能够学以致用。

本书与同类书相比具有如下显著特点。

(1) 新，穿插案例，清晰明了，形式独特。

(2) 全，知识点分门别类，包含全面，由浅入深，便于学习。

(3) 系统，知识讲解前呼后应，结构清晰，层次分明。

(4) 实用，理论和实际相结合，举一反三，学以致用。

(5) 赠送，除了必备的电子课件、教案、每章习题答案及模拟测试 A、B 试卷外，还相应地配套有大量的讲解音频、动画视频、三维模型、扩展图片等，以扫描二维码的形式再次拓展土力学与地基基础相关的知识点，力求让初学者在学习时最大化地接受新知识，最快、最高效地达到学习目的。

本书由湖南工业大学周斌任第一主编，由中国电建集团西北勘测设计研究院有限公司毛会永任第二主编，参加编写工作的还有长江工程职业技术学院朱强，江苏省地质工程勘察院赵作霖，北方工业大学孔元明，三门峡职业技术学院杨龙，北京交通大学田杰芳。其中，周斌负责编写绪论、第 1 章、第 2 章，并对全书进行统筹；朱强负责编写第 3 章；赵作霖负责编写第 4 章；孔元明负责编写第 5 章；杨龙与毛会永合力负责编写第 6 章；田杰芳负责编写第 7 章；毛会永负责编写第 8 章。在此对参与本书编写工作的全体合作者和帮助者表示衷心的感谢！

本书在编写过程中，得到了许多同行的支持与帮助，在此一并表示感谢。由于编者水平有限和时间紧迫，书中难免有错误和不妥之处，望广大读者批评、指正。

编　者

目　录

教案及试卷答案
获取方式.pdf

《土力学与地基基础》A 卷.docx

《土力学与地基基础》B 卷.docx

绪　论

　　"土力学与地基基础"是一门理论性和实践性较强的土建类专业课程，是高职高专院校土建类专业学生以及从事工程设计、生产第一线的技术、质量管理和工程监理等工作人员所必备的基础知识。通过对本课程的学习，应了解地基土的物理性质和工程性质；掌握地基土的应力与变形计算及地基承载力验算；掌握土压力计算及挡土结构设计基本知识；能阅读和使用工程地质勘察资料，进行一般房屋基础设计，并具有识读和绘制一般房屋基础施工图的能力；具有应用本专业基本知识分析和处理基础工程中一般问题的能力。

0.1　地基与基础概述

　　地基与基础工程的任务是保证各类建筑物既安全又经济，使用正常，不发生各类地基基础工程事故。

　　土与钢材、混凝土等连续介质材料有着本质的差别。土由固体矿物、水和空气三部分组成。土中固体颗粒之间的联结强度，远小于颗粒本身的强度；土中固体颗粒之间存在大量孔隙，为水和空气所充填；土是岩石经物理化学风化，并经搬运、沉积的产物。所以，土具有碎散性、多相性和天然性，在工程上其强度变形和渗透特性与其他材料有较大的区别。

基础.mp4

　　土具有以下两类工程用途。

　　(1) 作为建筑物的地基，在土层上修建厂房、住宅等工程，由地基土承受建筑物的荷载。

　　(2) 用土作建筑材料，修筑堤坝与路基。

1. 地基

地基是指承受建筑物荷载的地层。地基的分类如下。

　　(1) 按地质情况，地基分为土基和岩基。

　　(2) 按设计施工情况，地基分为天然地基和人工地基。

　　(3) 按深度的深浅情况，地基分为浅基和深基。

2. 基础

　　基础是指建筑物最底下的一部分，如图 0-1 所示，由砖石、混凝土或钢筋混凝土等建筑材料建造。其作用是将上部结构荷载扩散，减小传给地基的应力强度。

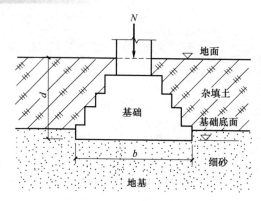

图 0-1　地基与基础

0.2　本课程内容及学习目标

1．本课程内容

本课程共分八章，主要介绍工程地质、土中应力与地基沉降、土的抗剪强度和地基承载力、土压力与边坡稳定、天然地基上的浅基础设计、桩基础工程、软弱地基处理、特殊土地基处理等基本理论。

2．本课程的学习要求

第 1 章工程地质：

1．了解场地的形成、地质年代及不良地质构造的影响。

2．熟悉土的工程特性与分类。

3．掌握各种土的物理性质指标。

4．掌握各种土的物理状态指标。

第 2 章土中应力与地基沉降：

1．学会土中应力的计算方法。

2．理解土的压缩试验。

3．掌握土的压缩性指标计算。

4．掌握地基最终沉降量计算方法。

5．掌握地基沉降与时间的关系的计算。

第 3 章土的抗剪强度和地基承载力：

1．了解土的抗剪强度的概念。

2．理解三轴剪切试验、无侧限抗压强度试验、原位十字板剪切试验的方法。

3．掌握土的极限平衡条件及计算。

4．掌握地基承载力的确定方法。

第 4 章土压力与边坡稳定：

1．掌握土压力的分类。

2．熟练计算静止、主动、被动土压力。

3．熟记朗肯、库仑土压力理论。

4．掌握土坡稳定性验算方法。

第5章天然地基上的浅基础设计：

1．学会浅基础的分类方法。

2．掌握基础埋置深度确定的方法、熟练计算基础底面尺寸。

3．掌握无筋扩展基础、扩展基础及柱下条形基础的设计方法。

4．记住减轻不均匀沉降损害的措施。

第6章桩基础工程：

1．掌握桩及桩基础的分类方法。

2．掌握单桩竖向承载力的计算方法。

3．理解竖向荷载群桩承载力原理。

4．掌握桩基础设计的方法。

第7章软弱地基处理：

1．学会软弱地基的处理方法。

2．掌握垫层的设计方法。

3．掌握袋装砂井堆载预压法、真空预压法。

4．掌握化学加固法的相关知识。

第8章特殊土地基处理：

1．了解特殊土地基的相关知识。

2．掌握对特殊土地基的评价。

3．学会特殊土地基的处理措施。

要求学习者在学习中理论联系实际，掌握原理，搞清概念，加强实践，提高分析问题、解决问题的能力。

0.3 地基与基础的重要性

基础是建筑物的重要组成部分，基础工程属于隐蔽工程。若地基基础设计和施工不当，将影响建筑物的安全和正常使用，轻则上部结构开裂、倾斜，重则建筑物倒塌，而且进行补强修复、加固处理极其困难。下面列举一些国内外典型的因地基基础破坏而引起建筑物倾斜或倒塌的案例。

1. 美国纽约某水泥仓库

这座水泥仓库位于纽约市汉森河旁，水泥仓库呈圆筒形，高约21m，仓库直径$d=13$m。一排圆筒仓库下部的基础为整块筏板基础，埋深2.8m。

1940年，水泥仓库装载水泥，使黏土地基超载，引起地基土剪切破坏而滑动。

水泥仓库地基滑动，使水泥筒仓倾倒呈45°角，地基土被挤出地面高达5.18m，如图0-2所示。与此同时，离筒仓净距23m以外的办公楼受地基滑动的影响，也发生了倾斜。

图 0-2　美国纽约水泥仓库超载倾倒

2. 加拿大特朗斯康谷仓地基滑动

该谷仓平面呈矩形，南北向长 59.44m，东西向宽 23.47m，高 31.00m，容积为 36368m³。谷仓为四筒仓，每排 13 个圆筒仓，5 排共计 65 个圆筒仓。谷仓基础为钢筋混凝土筏板基础，厚度为 61cm，埋深 3.66m。

谷仓于 1911 年动工，1913 年秋完工。谷仓自身有 2000t，相当于装满谷物后满载总重量的 42.5%。1913 年 9 月装谷物，10 月 17 日当谷仓装载了 31822m³ 谷物时，发现 1 小时内竖向沉降达 30.5cm。结构物向西倾斜，并在 24 小时内谷仓倾倒，倾斜度离垂线达 26°53′，谷仓西端下沉 7.32m，东端上抬 1.52m，上部钢筋混凝土筒仓坚如磐石，如图 0-3 所示。

图 0-3　加拿大谷仓因地基滑动而倾倒

第1章 工程地质

【教学目标】

1. 了解场地的形成、地质年代及不良地质构造的影响。
2. 熟悉土的工程特性与分类。
3. 掌握各种土的物理性质指标。
4. 掌握各种土的物理状态指标。

【教学要求】

第1章工程地质.pptx

本章要点	掌握层次	相关知识点
工程地质概述	1. 理解场地的成因 2. 了解地质年代的划分 3. 掌握各种不良地质构造的特性	1. 地质年代划分表 2. 向斜与背斜的区分 3. 地质构造的类型
地基土的工程特性与分类	1. 了解土的三相组成 2. 认识土的各种结构类型	1. 土的三相组成及详解 2. 单粒、蜂窝及絮状结构
土的物理性质指标	1. 掌握土的三相物理性质指标 2. 掌握反应土的松密程度的指标 3. 掌握反应土中含水程度的指标 4. 掌握特定条件下土的密度	1. 土的三相关系示意图 2. 孔隙比、孔隙度 3. 砂土与粉土的湿度标准 4. 土的物理性质指标常用换算公式及常见值表
土的物理状态指标	1. 掌握无黏性土的密实度 2. 掌握黏性土的物理状态指标	1. 相对密度判别密实度标准 2. 物理状态指标

【案例导入】

　　深圳地区内发育有震旦系、上泥盆系、石炭系、上三叠系、侏罗系、白垩系、第三系、第四系陆相冲洪积和海相淤积层，大范围被燕山早期、晚期花岗岩侵入，火山喷发岩覆盖。各类岩石受侵入接触变质、断裂热变质，加上受北东、北西、东西向三组主要断裂的切割破坏，使深圳地区地层变得十分复杂。在城市建设中，在各类建筑地基勘察、设计、施工时，经常遇到各类工程地质问题。

【问题导入】

请根据深圳地区的地质条件，分析该地区可能遇见的问题有哪些。

1.1 工程地质概述

1.1.1 主要内容及重点

工程地质与建筑物的关系：各类建筑物无不建造在地球表面。因此，地表的工程地质条件的优劣，直接影响建筑物的地基与基础设计方案的类型、施工工期的长短和工程投资的大小。

工程地质的重点如下。

(1) 第四纪沉积层，即松散岩石——土。

(2) 矿物与岩石。

(3) 不良地质现象对工程的危害。

(4) 地下水的埋藏深度、运动规律与地下水水质对工程的影响等。

工程地质.mp4

1.1.2 场地的形成

建筑场地的地形、地貌和组成物质(土与岩石)的成分、分布、厚度与工程特性，取决于地质作用。

地质作用包括下列两种类型。

(1) 内力地质作用。

(2) 外力地质作用。

两种地质作用互相联系，错综复杂的地质作用，形成了各种成因的地形，称为地貌。地表形态按其不同的成因，划分为相应的地貌单元。

1.1.3 地质年代

地质年代的划分如表 1-1 所示。

表 1-1 地质年代的划分

年代划分	具体内容
太古代	——
元古代	①早元古代；②晚元古代(长城纪、蓟县纪、青白口纪、震旦纪)
古生代	①早古生代(寒武纪、奥陶纪、志留纪)；②晚古生代(泥盆纪、石炭纪、二叠纪)
中生代	三叠纪、侏罗纪、白垩纪

续表

年代划分	具体内容
新生代	①早第三纪(古新世 E_1、始新世 E_2、渐新世 E_3); ②晚第三纪(中新世 N_1、上新世 N_2); ③第四纪 Q(早更新世 Q_1、中更新世 Q_2、晚更新世 Q_3、全新世 Q_4)

1.1.4 不良地质构造

在漫长的地质历史发展演变过程中,地壳在内、外力地质作用下,不断运动、发展和变化,所造成的各种不同的构造形迹,如褶皱、断裂等,称为地质构造(Geologic Structure)。它与场地稳定性以及地震评价等的关系尤为密切,因而是评价建筑场地工程地质条件所应考虑的基本因素。

褶皱.docx

1. 褶皱构造

组成地壳的岩层,受构造应力的强烈作用,使岩层形成一系列波状弯曲而未丧失其连续性的构造,称为褶皱构造(Fold)。褶皱的基本单元(即岩层的一个弯曲)称为褶曲。褶曲虽然有各式各样的形式,但基本形式只有两种,即背斜和向斜,如图1-1所示。背斜由核部老岩层和翼部新岩层组成,横剖面呈凸起弯曲的形态;向斜则由核部新岩层和翼部老岩层组成,横剖面呈向下凹曲的形态。

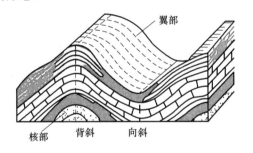

背斜和向斜.mp4

图1-1 背斜与向斜示意图

必须指出,在山区见到的褶曲,一般来说其形成的年代久远,由于长期暴露地表使得部分岩层,尤其是软质或裂隙发育的岩石,受到风化和剥蚀作用的严重破坏而丧失了完整的褶曲形态,如图1-2所示。

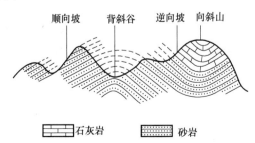

图1-2 剥蚀后的褶曲地形剖面示意图

在褶曲山区，岩层遭受的构造变动通常较大，地形起伏不平，坡度也大。因此，在褶曲山区的斜坡或坡脚做建筑物时，必须注意边坡的稳定问题。坡面与岩层倾斜方向相反的山坡称为逆向坡，其边坡稳定性较好；坡面与岩层倾斜方向一致的山坡称为顺向坡，其稳定性与岩石性质、倾角大小和有无软弱结构面等因素有关。当岩层倾角小于边坡坡脚时，其稳定性一般较差，存在滑坡的危险。岩层倾角大于边坡坡脚时，在自然条件下，边坡一般是稳定的。但如果施工开挖切去斜坡坡脚，则上部岩体就有可能沿层面发生滑动，尤其是夹有薄层泥页岩或软弱夹层的边坡，更容易发生滑动。

2. 断裂构造

岩体受力断裂，使原有的连续完整性遭受破坏而形成断裂构造，沿断裂面两侧的岩层未发生位移或仅有微小错动的断裂构造，称为节理(Joint)；反之，如发生了相对的位移，则称为断层(Fault)。断裂构造在地壳中广泛分布，它往往是工程岩体稳定性的控制性因素。

断层.docx

对于分居于断层面两侧相互错动的两个断块，其中位于断层面之上的称为上盘，位于断层面之下的称为下盘。若按断块之间相对错动的方向来划分，上盘下降、下盘上升的断层，称正断层；反之，上盘上升、下盘下降的断层称逆断层。如两断块水平互错，则称为平移断层，如图 1-3 所示。

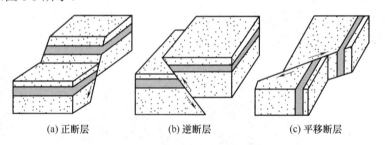

(a) 正断层   (b) 逆断层   (c) 平移断层

图 1-3 断层类型示意图

断层面往往不是一个简单的平面，而是有一定宽度的断层带。断层规模越大，这个带就越宽，破坏程度也越严重。如北美洲沿太平洋东岸的圣安德烈斯大断层，长约 1000km，该大断层经过美国加利福尼亚州，某酿酒厂建筑物恰巧建在此断层上，1948—1969 年，断层每年错动 1cm 多，总计超过 25cm。

断层形成的年代越新，则断层的活动可能性越大。对于活动性的断带，常潜伏着发生地震的可能性，如我国营口——郯城——庐江大断裂带，长度超过 2000km，历史上此断裂带发生过多次大地震，例如，1668 年的山东郯城 8.5 级强烈地震、1969 年的渤海 7.4 级大地震和 1975 年的海城 7.3 级大地震，都与该断裂带的活动密切相关。

《岩土工程勘察规范》(GB 50021—2001)中将在全新世地质时期(1 万年)内有过地震活动或近期正在活动，在将来(今后 100 年)可能继续活动的断裂叫作全新活动断裂。并将全新活动断裂中，近期(近 500 年)发生过地震，且震级 $M \geqslant 5$ 的断裂，或在未来 100 年内预测可能发生 $M \geqslant 5$ 级的断裂叫作发震断裂。把在工程使用期或寿期(一般为 50～100 年)内，可能影响和危害工程安全的活断层叫作工程活断层。

活断层按其活动方式可以分为蠕变型活断层和突发型活断层。蠕变型活断层是只有长期缓慢的相对位移变形，不发生地震或只有少数微弱地震的活断层；突发型活断层的错动位移是突然发生的，并同时伴发较强烈的地震。活断层常具有沿已有的老断层发生新的错动位移的继承性和重复活动的周期性。

因此，工程设计原则上应避免将建筑物跨放在断层带上，尤其要注意避开近期活动的断层带。调查活动断层的位置、活动特点和强烈程度对于工程建设有着重要的实际意义。

1.2　地基土的工程特性与分类

1.2.1　土的三相组成

土是由连续、坚固的岩石在风化作用下形成的大小悬殊的颗粒，经过不同的搬运方式，在各种自然环境中生成的没有胶结或弱胶结的沉积物。土是由固体颗粒、水和气体组成的三相体系。土的三相组成物质的性质、相对含量以及土的结构构造等各种因素，必然在土的轻重、松密、干湿、软硬等一系列物理性质上有不同的反映。土的物理性质又在一定程度上决定了它的力学性质，所以物理性质是土的最基本的工程特性。

土的三相组成.mp4

在一般情况下，土是由三相组成的：固相——矿物颗粒和有机质；液相——水；气相——空气。矿物颗粒构成土的骨架，空气与水则填充骨架间的孔隙。土的性质取决于各相的特征及其相对含量与相互作用。

土的三相组成.docx

1. 土的固体颗粒

岩石经风化作用形成大小不同的固体土颗粒，它的矿物成分、颗粒大小、形状与级配是影响土的物理性质的重要因素。

1) 土的矿物成分

土颗粒按矿物成分可分为原生矿物和次生矿物。

(1) 原生矿物。

岩石由于温度变化、裂隙水的冻结以及盐类结晶而逐渐破碎崩解，这个过程称为物理风化。岩石经物理风化作用形成粗粒的碎屑物，它的矿物成分与母岩相同，这种矿物称为原生矿物。常见的有石英、长石、云母等，它们的性质较稳定。砾石和砂主要是由原生矿物所组成。

(2) 次生矿物。

岩石在水溶液、大气及有机物的化学作用或生物化学作用下引起的破坏过程称为化学风化。它不仅破坏了岩石的结构，而且使其化学成分改变并形成新的矿物，这种矿物称为次生矿物。如黏土矿物、铝铁氧化物及氢氧化合物等。常见的黏土矿物有蒙脱石、伊利石和高岭石等。由于黏土矿物颗粒很细，颗粒的比表面(单位体积或单位质量的颗粒的总表面积)很大，所以颗粒表面具有很强的与水作用的能力。土中含黏土矿物越多，则土的黏性、

塑性和胀缩性就越大。

2) 土的颗粒级配

土颗粒的大小与土的性质有密切关系。例如，土颗粒由粗变细，土可由无黏性变为有黏性，而透水性随之减小。粒径大小在一定范围内的土粒，其矿物成分及性质都比较接近。因此，可将土中各种不同粒径的土粒，按适当范围，分为若干粒组。如图 1-4 所示，是常用的粒组划分方法，图中根据粒径大小把土粒分为六大组：漂石(块石)颗粒、卵石(碎石)颗粒、圆砾(角砾)颗粒、砂粒、粉粒和黏粒。

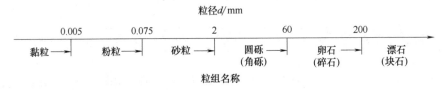

图 1-4　土的粒径分组

自然界的土，都是由大小不同的土粒组成的。土中各个粒组相对含量百分比称为土的颗粒级配。

土的颗粒级配可通过土的颗粒分析试验测定(详见有关土工试验操作规程)。根据土的颗粒分析试验结果，在半对数坐标纸上，以纵坐标表示小于某粒径的土粒含量百分比，横坐标表示粒径(因土颗粒的粒径相差千百倍，故宜用对数比例尺)，从而绘出颗粒级配曲线，如图 1-5 所示。

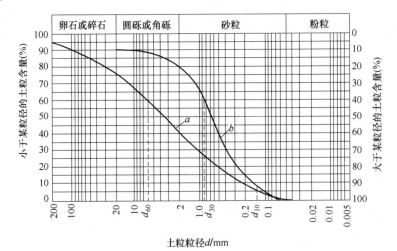

图 1-5　颗粒级配曲线

2. 土中水

土中水对细粒土的性质影响很大，可使其产生黏性、塑性及胀缩性等一系列变化。究其原因，可从土中水的存在形态及其与土粒的相互作用进行分析。

土中水可以处于液态、固态、气态三种形态。

1) 液态水

土中液态水主要有结合水和自由水两类。

(1) 结合水。

结合水是指受电分子吸引力的作用吸附在土颗粒表面的水。研究表明，细小土粒表面带负电荷，围绕土粒形成电场。在电场范围内的水分子以及水溶液中的阳离子(如 Na^+、Ca^{2+} 等)一起被吸附在土粒周围，而水分子被极化，在电场力的作用下，呈定向排列，形成结合水膜。水分子与土颗粒表面远近不同，形成不同的结合形式，如图 1-6 所示。

① 强结合水。

受土粒表面强大吸引力(可达几千个大气压力)作用吸附于土粒表面的结合水称为强结合水，又称吸着水。它没有传递静水压力和溶解盐类的能力，不受重力作用，在温度达 105℃ 以上时才能蒸发，冰点为-78℃，密度为 1.2～2.4g/cm³，具有极大的黏滞性、弹性和抗剪强度，其力学性质接近固体。砂粒含的吸着水所占比例很小。黏性土仅含吸着水时呈固体状态，磨碎后呈粉末状态。

② 弱结合水。

弱结合水又称薄膜水，是位于强结合水外围的一层水膜，其厚度较强结合水大，具有较高的黏滞性和抗剪强度，不过仍不能传递静水压力，但较厚水膜可向较薄处转移，直至平衡为止，所以表现出土具有可塑性。黏土颗粒比表面大，含薄膜水多，故可塑范围大。粗颗粒土比表面小，含薄膜水很少，故几乎不具可塑性。

随着与土粒表面的距离增大，吸附力减小，弱结合水逐渐过渡为自由水。

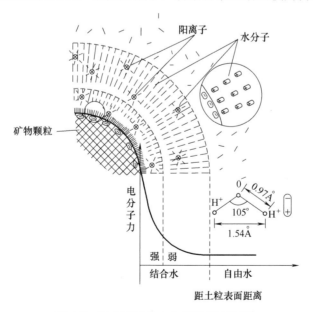

图 1-6 黏土矿物和水分子的相互作用

(2) 自由水。

离土颗粒表面较远，距离超过电分子引力的作用范围以外的水分子，呈自由排列，称为自由水。自由水的性质和普通水相同，能传递静水压力，冰点为 0℃，有溶解能力。自由

水按其移动时所受作用力的不同，可分为重力水和毛细水。

① 重力水。

重力水是在地下水位以下的透水层中的自由水，它在重力和压力差的作用下运动，对土颗粒产生浮力。重力水对土层中的应力状态，对开挖基槽、基坑以及修筑地下构筑物的排水、防水有较大的影响。

② 毛细水。

位于潜水位以上的透水土层中，受水与气交界面处的表面张力作用的自由水，称为毛细水。它的上升高度与土的性质有关。在粉土中毛细水上升的高度最高，产生毛细现象的最大极限土颗粒粒径是 2mm。在寒冷地区要注意因毛细水上升引起的地基基础冻胀，地下室要采取防潮措施。

2) 固态水

当土中的温度降至冰点以下时，土中的水结冰，成为固态水，形成冰的夹层、冰透镜体，称为"冻土"。由于冰的体积膨胀使基础产生冻胀现象，基础因起鼓而损坏。另外，冻土强度增大，但融化后强度会急剧下降，造成基础下沉，因此，在北方寒冷地区，基础的埋置深度要考虑冻胀问题。

3) 气态水

气态水即水气，对土的性质影响不大。

3．土中气体

土的骨架形成的孔隙中，没有被水占据的部分都被气体充满，土中气体可分为以下两种。

(1) 自由气体。

土的孔隙中的气体与大气连通的部分为自由气体。通常在土层受到外部压力后，土体压缩时气体逸出，对工程不产生影响。

(2) 封闭气泡。

存在于黏土中的封闭气泡，与大气隔绝。当土层受到外部荷载作用时，封闭气泡被压缩。土中的封闭气泡较多时，能增加土的压缩性，减小土的渗透性。

1.2.2 土的结构

土颗粒之间的相互排列和联结形式称为土的结构。土颗粒的形状、大小、位置和矿物成分以及土中水的性质与组成，对土的结构有直接的影响。土的结构可分为单粒结构、蜂窝结构和絮状结构三种类型。

1．单粒结构

单粒结构是由较粗大的土粒在水或空气中下落沉积而形成的，是碎石类土和砂类土的主要结构形式，如图 1-7(a)所示。因颗粒较大，土粒间的分子吸引力相对很小，颗粒间几乎没有联结，在沉积过程中颗粒间力的影响与重力相比可以忽略不计，即土粒在沉积过程中主要受重力控制。这种结构的特征是土粒之间以点与点的接触为主。根据其排列情况，可分为疏松状态和紧密状态。

具有疏松单粒结构的土稳定性差，当受到震动及其他外力作用时，土粒易发生移动，土中孔隙减小，会引起土的较大变形。这种土层如未经处理一般不宜作为建筑物的地基或路基。具有紧密单粒结构的土稳定性好，在动、静荷载作用下都不会产生较大的沉降，这种土强度较大，压缩性较小，一般是良好的天然地基。

2. 蜂窝结构

蜂窝结构主要是由粉粒或细砂粒组成的土的结构形式。粒径为 0.005～0.075mm 的土粒在水中因自重作用而下沉时，当碰到其他正在下沉或已下沉稳定的土粒，由于粒间的引力大于下沉土粒的重力，土粒就停留在最初的接触点上不再继续下沉，逐渐形成链环状单元。很多这样的链环联结起来，便形成孔隙较大的蜂窝结构，如图 1-7(b)所示。具有蜂窝结构的土有很大的孔隙，可以承担一般的水平静荷载，但当其承受较高水平荷载或动力荷载时，其结构将被破坏，会导致严重的地基沉降，不可用作天然地基。

3. 絮状结构

絮状结构又称为絮凝结构，是黏性土常见的结构形式。由于细微的黏粒(粒径小于0.005mm)在水中常处于悬浮状态，当悬浮液的介质发生变化(如黏粒被带到电解质浓度较大的海水中)，土粒在水中做杂乱无章的运动时，一旦接触，颗粒间力表现为净引力，彼此容易结合在一起逐渐形成小链环状的土粒集合体，质量增大而下沉，当一个小链环碰到另一个小链环时相互吸引，不断扩大形成大链环状，成为絮状结构，如图 1-7(c)所示。

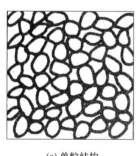 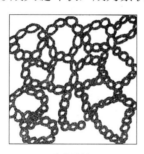 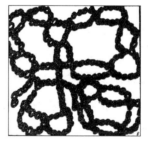

(a) 单粒结构　　　　　　　(b) 蜂窝结构　　　　　　　(c) 絮状结构

图 1-7　土的结构

具有絮状结构的土有较大的孔隙，强度低，压缩性高，对扰动比较敏感，但土粒间的联结强度(结构强度)也会因长期的压密作用和胶结作用而得到加强。具有絮状结构的土不可用作天然地基。

天然条件下，任何一种土的结构，都是以某种结构为主，混杂其他结构。当土的结构受到破坏或扰动时，在改变了土粒排列情况的同时，也破坏了土粒间的联结，从而影响土的工程性能，对于蜂窝结构和絮状结构的土，往往会大大降低其结构强度。上述三种结构中，密实的单粒结构土的工程性质最好，蜂窝结构其次，絮状结构最差。

1.3 土的物理性质指标

土的物理性质直接反映土的松密、软硬等物理状态，也间接反映土的工程性质。而土的松密和软硬程度主要取决于土的三相各自在数量上所占的比例。所以，要研究土的物理性质，就要分析土的三相比例关系，以其体积或质量上的相对比值，作为衡量土最基本的物理性质指标，并利用这些指标间接地评定土的工程性质。

1.3.1 土的三相物理性质指标

为了研究三相比例指标和说明问题，方便起见，可把土中本来交错分布的固体颗粒、水和气体三相分别集中起来，构成理想的三相关系图，如图1-8所示，气体的质量相对很小，可以忽略不计。

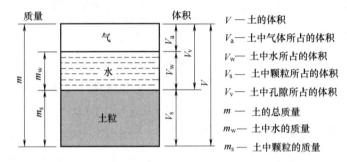

V —— 土的体积
V_a —— 土中气体所占的体积
V_w —— 土中水所占的体积
V_s —— 土中颗粒所占的体积
V_v —— 土中孔隙所占的体积
m —— 土的总质量
m_w —— 土中水的质量
m_s —— 土中颗粒的质量

图1-8 土的三相关系示意图

土的天然密度、含水量、土粒相对密度三个指标可由土工试验直接测定，称为三个基本试验指标。

1. 土的天然密度 ρ 和重度 γ

土在天然状态时单位体积的质量称为土的天然密度(g/cm^3 或 t/m^3)，土在天然状态时单位体积的重力称为土的重度(kN/m^3)，即

$$\rho = \frac{m}{V} \tag{1.1}$$

$$\gamma = \rho g \tag{1.2}$$

式中，g 为重力加速度，约为 $9.8m/s^2$ ，一般在工程计算中近似取 $g = 10m/s^2$ 。

土的密度一般采用"环刀法"测定。

2. 土的含水量 ω

土中水的质量与土粒的质量之比(用百分数表示)称为土的含水量，也称为土的含水率，即

$$\omega = \frac{m - m_s}{m_s} \times 100\% \tag{1.3}$$

土的含水量是表示土湿度的一个重要指标。天然土层含水量变化范围较大，与土的种类、埋藏条件及其所处的自然地理环境等有关。土的含水量越小，土越干；反之，土越湿或饱和。一般来说，对同一类土，当其含水量增大时，其强度就降低。土的含水量对黏性土、粉土的性质影响较大，对粉砂、细砂稍有影响，而对碎石土没有影响。土的含水量一般采用"烘干法"测定。

音频"烘干法"的
测定方法.mp3

3. 土粒的相对密度 G_s

土粒的质量与同体积的 4℃时纯水的质量之比称为土粒的相对密度，也称为土粒比重，无量纲，即

$$G_s = \frac{m_s}{V_s \rho_w^{4℃}} = \frac{\rho_s}{\rho_w^{4℃}} \tag{1.4}$$

式中： ρ_s ——土粒的密度，g/cm³；

$\rho_w^{4℃}$ ——纯水在 4℃时的密度(单位体积的质量)，取 1g/cm³ 或 1t/m³。

土粒的相对密度可在实验室采用"比重瓶法"测定。

1.3.2 反映土的松密程度的指标

(1) 土的孔隙比 e：土中孔隙体积与固体颗粒的体积之比。

其表达式为

$$e = \frac{孔隙体积}{固体颗粒体积} = \frac{V_v}{V_s} \tag{1.5}$$

常见值：砂土 $e = 0.5 \sim 1.0$；黏性土 $e = 0.5 \sim 1.2$。

(2) 土的孔隙度(孔隙率) n：土的孔隙度是用以表示孔隙体积含量的概念，为土的孔隙占总体积的百分比。

其表达式为

$$n = \frac{孔隙体积}{土体总体积} = \frac{V_v}{V} \times 100\% \tag{1.6}$$

常见值： $n = 30\% \sim 50\%$。

确定方法：据 ρ、G_s、ω 与实测值计算而得。

1.3.3 反映土中含水程度的指标

1. 含水率 ω

含水率 ω 是表示土中含水程度的一个重要指标。

2. 土的饱和度 S_r

物理意义：土的饱和度表示水在孔隙中的充满程度。

其表达式为

$$S_r = \frac{水的体积}{孔隙体积} = \frac{V_w}{V_v} \tag{1.7}$$

常见值：$S_r = 0 \sim 1$。

确定方法：据 ρ、G_s 和 ω 计算而得。

工程应用：砂土和粉土以饱和度作为湿度划分的标准，分为稍湿的、很湿的与饱和的三种湿度状态，如图 1-9 所示。

图 1-9 砂土与粉土的湿度标准

1.3.4 特定条件下土的密度

1. 土的干密度 ρ_d 和土的干重度 γ_d

物理意义：土的干密度为单位土体体积干土的质量（g/cm^3）。土的干重度为单位土体体积干土所受的重力，即 $\gamma_d = \rho_d g = 9.8 \rho_d \, kN/m^3 \approx 10 \rho_d \, kN/m^3$。

其表达式为

$$\rho_d = \frac{固体颗粒质量}{土的总体积} = \frac{m_s}{V} \tag{1.8}$$

常见值：$\rho_d = 1.3 \sim 2.0 \, g/cm^3$，$\gamma_d = 13 \sim 20 \, kN/m^3$。

2. 土的饱和密度 ρ_{sat} 和土的饱和重度 γ_{sat}

物理意义：土的饱和密度为孔隙中全部充满水时，单位土体体积的质量。土的饱和重度为孔隙中全部充满水时，单位土体体积所受的重力，即

$$\gamma_{sat} = \rho_{sat} g = 9.8 \rho_{sat} \approx 10 \rho_{sat} \, kN/m^3$$

其表达式为

$$\rho_{sat} = \frac{孔隙全部充满水的总质量}{土体总体积} = \frac{m_s + V_v \rho_w}{V} \tag{1.9}$$

常见值：$\rho_{sat} = 1.8 \sim 2.3 \, g/cm^3$；$\gamma_{sat} = 18 \sim 23 \, kN/m^3$。

3. 土的有效重度(浮重度) γ'

物理意义：土的有效重度为地下水位以下，扣除浮力后的土体单位体积所受重力。

其表达式为

$$\gamma' = \gamma_{sat} - \gamma_w \tag{1.10}$$

常见值：$\gamma' = 8 \sim 13 \, kN/m^3$。

上述各物理指标中，三相基本指标由试验测定，其余指标都可由这三个基本指标导出。因为各项指标之间是相对比例关系，不是各自独立的变量，为简化计算，可设其中任何一部分为1，推导过程略。为了便于查阅，现列出土的常用物理性质指标关系，如表1-2所示。

表1-2　土的物理性质指标常用换算公式及常见值

名称	符号	表达式	单位	常见值	换算公式
密度 重度	ρ γ	$\rho = \dfrac{m}{V}$ $\gamma \approx 10\rho$	g/cm³ kN/m³	1.6～2.2 16～22	$\rho = \rho_d(1+\omega)$ $\gamma = \gamma_d(1+\omega)$
比重	G_s	$G_s = \dfrac{m_s}{V_s}$		砂土 2.65～2.69 粉土 2.70～2.71 黏性土 2.72～2.75	
含水率	ω	$\omega = \dfrac{m-m_s}{m_s} \times 100$	%	砂土 0%～40% 黏性土 20%～60%	$\omega = \left(\dfrac{\gamma}{\gamma_d}\right) \times 100\%$
孔隙比	e	$e = \dfrac{V_v}{V_s}$		砂土 0.5～1.0 黏性土 0.5～1.2	$e = \dfrac{n}{1-n}$
孔隙度	n	$n = \dfrac{V_v}{V} \times 100$	%	30%～50%	$n = \left(\dfrac{e}{1+e}\right) \times 100\%$
饱和度	S_r	$S_r = \dfrac{V_w}{V_v}$		0～1	
干密度 干重度	ρ_d γ_d	$\gamma_d \approx 10\rho_d$	g/cm³ kN/m³	1.3～2.0 13～20	$\gamma_d = \dfrac{\gamma}{1+\omega}$
饱和密度 饱和重度	ρ_{sat} γ_{sat}	$\rho_{sat} = \dfrac{m_w + V_v \rho_w}{V}$ $\gamma_{sat} \approx 10\rho_{sat}$	g/cm³ kN/m³	1.8～2.3 18～23	
有效重度	γ'	$\gamma' = \gamma_{sat} - \gamma_w$	kN/m³	8～13	

【案例 1-1】

某住宅小区拟建工程，建筑总面积 860000m²。在地基勘察中，取原状土做试验。用天平称 50cm³ 湿土质量为 96.21g，烘干后质量为 75.86g，土粒比重为 2.78。

问题：

结合所学知识，计算此土样的天然密度、干密度、饱和密度、天然含水率、孔隙比、孔隙度以及饱和度。

1.4 土的物理状态指标

1.4.1 无黏性土的密实度

无黏性土(如砂、卵石)均为单粒结构，它们最主要的物理状态指标为密实度。

1. 以孔隙比 e 为标准

用一个指标 e 判别砂土的密实度，应用方便。同一种土，若密砂的孔隙比为 e_1，松砂的孔隙比为 e_2，则必然 $e_1 < e_2$。

但是仅用一个指标 e，无法反映土的粒径级配的因素。例如，两种级配不同的砂，一种是颗粒均匀的密砂，其孔隙比为 e_1'，另一种是级配良好的松砂，孔隙比为 e_2'，结果 $e_1' > e_2'$，即密砂的孔隙比反而大于松砂的孔隙比。

2. 以相对密度 D_r 为标准

为了克服上述用一个指标 e，对级配不同的砂土难以准确判别的缺陷，用天然孔隙比 e 与同一种砂的最松状态孔隙比 e_{max} 和最密实状态孔隙比 e_{min} 进行对比，看 e 靠近 e_{max} 还是靠近 e_{min}，以此来判别它的密实度，即相对密度法，如图 1-10 所示。

相对密度：

$$D_r = \frac{e_{max} - e}{e_{max} - e_{min}} \tag{1.11}$$

$$D_r$$

```
             1/3        2/3
              |          |
   松散 ——    中密    —— 密实
```

图 1-10 相对密度判别密实度标准

3. 以标准贯入试验 N 值为标准

标准贯入试验，是在现场进行的一种原位测试，这项试验的方法：用卷扬机将质量为 63.5kg 的钢锤提升 76cm 高度，让钢锤自由下落击在锤垫上，使贯入器贯入土中 30cm 所需的锤击数，记为 N 值的大小，以反映土的贯入阻力的大小，即密实度的大小，如图 1-11 所示。

音频 标准贯入试验方法.mp3

```
              N
     10       15        30
      |        |         |
 松散 | 稍密 | 中密 |  密实
```

图 1-11 以标准贯入度试验锤击数划分砂土密实度标准

1.4.2 黏性土的物理状态指标

黏性土最主要的物理特征并非 e、D_r，而是土的软硬程度或土对外力引起变形或破坏的抵抗能力，即稠度。

黏性土的稠度，反映土粒之间的联结强度随着含水率高低而变化的性质，其中，不同状态之间的分界含水率具有重要的意义。

1. 液限 W_L (%)

定义：黏性土在液态与塑态之间的分界含水率称为液限 W_L。

测定方法：(1)锥式液限仪；(2)碟式液限仪。

2. 塑限 W_P (%)

定义：黏性土在塑态与半固态之间的分界含水率称为塑限 W_P。

测定方法：(1)滚搓法；(2)液、塑限联合测定法。

3. 缩限 W_S (%)

定义：黏性土在半固态与固态之间的分界含水率称为缩限 W_S。

测定方法：收缩皿法。

4. 塑性指数 I_P

定义：液限与塑限的差值，去掉百分数符号，称为塑性指数，记为 I_P。

$$I_P = (W_L - W_P) \times 100 \tag{1.12}$$

物理意义：细颗粒土体处于可塑状态下，含水率变化的最大区间。一种土的 W_L 与 W_P 之间的范围大，即 I_P 大，表明该土能吸附结合水多，但仍处于可塑状态，亦即该土黏粒含量高或矿物成分吸水能力强。

工程应用：用塑性指数 I_P 作为黏性土与粉土定名的标准。

5. 液性指数 I_L

定义：黏性土的液性指数为天然含水率与塑限的差值和液限与塑限差值之比。即

$$I_L = \frac{W - W_P}{W_L - W_P} \tag{1.13}$$

物理意义：液性指数又称相对稠度，是将土的天然含水率 W 与 W_L 及 W_P 相比较，以表明是靠近 W_L 还是靠近 W_P，反映土的软硬程度不同。

工程应用：据液性指数 I_L 的大小不同，可将黏性土分为 5 种软硬不同的状态，如表 1-3 所示。

表1-3 黏性土稠度状态的划分

状态	坚硬	硬塑	可塑	软塑	流塑
液性指数	$I_L \leqslant 0$	$0 < I_L \leqslant 0.25$	$0.25 < I_L \leqslant 0.75$	$0.75 < I_L \leqslant 1.0$	$I_L > 1.0$

当 $W < W_P$ 时，$W - W_P$ 为负值，$I_L \leqslant 0$，土呈坚硬状态。当 $W > W_L$ 时，$W - W_P$ 大于 $W_L - W_P$，即 $I_L > 1$，土处于流塑状态。$I_L = 0 \sim 1$ 为塑态，可分为 4 等分，靠近坚硬的为硬塑，靠近流塑的为软塑，中间的为可塑状态。

6. 灵敏度 S_t

定义：黏性土的原状土无侧限抗压强度与原土结构完全破坏的重塑土(保持含水率和密度不变)的无侧限抗压强度的比值，称为灵敏度，记为 S_t，即

$$S_t = \frac{q_u}{q_u'} \tag{1.14}$$

式中：q_u——原状土的无侧限抗压强度，kPa。

q_u'——重塑土的无侧限抗压强度，kPa。

物理意义：灵敏度反映黏性土结构性的强弱。根据灵敏度的数值大小，黏性土可分为三类土：$S_t > 4$ 为高灵敏土；$2 < S_t \leqslant 4$ 为中灵敏土；$S_t \leqslant 2$ 为低灵敏土。

工程应用：遇灵敏度高的土，施工时应特别注意保护基槽，防止人来车往践踏基槽，破坏土的结构，而降低地基强度。利用触变性：当黏性土结构受扰动时，土的强度就降低。但静置一段时间后，土的强度又逐渐增长，这种性质称为土的触变性。

【案例 1-2】

已知黏性土的液限为 41%，塑限为 23%，饱和度为 0.98，孔隙比为 1.55。

问题：

结合所学知识，试计算塑性指数、液性指数以及确定黏性土的状态。

 本章小结

本章讲授了工程地质的相关知识、地基土的工程特性与分类、土的物理性质指标以及土的物理状态指标，主要内容如下。

工程地质概述：场地的成因、地质年代的划分、各种不良地质构造的特性。

地基土的工程特性与分类：土的三相组成、土的各种结构类型。

土的物理性质指标：土的三相物理性质指标、反应土的松密程度的指标、反应土中含水程度的指标以及特定条件下土的密度。

土的物理状态指标：无黏性土的密实度、黏性土的物理状态指标。

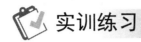 实训练习

一、单选题

1. 反映土的透水性质的指标是( )。

　　A. 不均匀系数　　　　B. 相对密实度　　　C. 压缩系数　　　D. 渗透系数

2. 下列哪一种土样更容易发生流砂？( )。

　　A. 砾砂或粗砂　　　　B. 细砂或粉砂　　　C. 粉土　　　　　D. 黏土

3. 一般分布在填土中的水属于( )。

　　A. 上层滞水　　　　　B. 潜水　　　　　　C. 承压水　　　　D. 自由水

4. 按照地质年代表排序，古生代由老到新的地质年代单位为寒武纪、奥陶纪、志留纪、泥盆纪、( )、二叠纪。

　　A. 震旦纪　　　　　　B. 白垩纪　　　　　C. 侏罗纪　　　　D. 石炭纪

5. 下列结构特征属于沉积岩特有的是( )。

　　A. 全晶质结构　　　　B. 泥质结构　　　　C. 糜棱结构　　　D. 玻璃质结构

二、填空题

1. 在一般情况下，土是由( )、( )、( )三相组成的。

2. 土的结构可分为( )、( )和( )三种类型。

3. 土的( )、( )、( )三个指标可由土工试验直接测定。

4. 岩体受力断裂，使原有的连续完整性遭受破坏而形成断裂构造，沿断裂面两侧的岩层未发生位移或仅有微小错动的断裂构造，称为( )。

5. 土颗粒按矿物成分可分为( )和( )。

三、简答题

1. 什么是土的构造？其主要特征是什么？

2. 土的物理性质有哪些？其中哪几个可以直接测定？常用的测定方法有哪些？

3. 塑性指数和液性指数的定义和物理意义是什么？

4. 黏性土的物理状态指标是什么？何为液限和塑限？

5. 孔隙比的定义是什么？

6. 用三相草图计算时，为什么常把总体积 V 设为1？

第1章习题答案.doc

实训工作单 1

班级		姓名		日期	
教学项目		密度试验			
任务	测定土的密度，用以计算孔隙比、干密度等其他指标。		试验方法	环刀法	
相关知识	环刀法就是采用一定体积的环刀切取土样并称量土的质量的方法，环刀内土的质量与环刀体积之比即为土的密度。				
其他项目					
现场过程记录					
评语				指导教师	

实训工作单2

班级		姓名		日期	
教学项目		相对密度试验			
任务	测定土颗粒的相对密度		试验方法	比重瓶法	
相关知识	土颗粒的相对密度是土的物理性质基本指标之一。				
其他项目					

现场过程记录

评语			指导教师	

第2章　土中应力与地基沉降

【教学目标】

1. 学会土中应力的计算方法。
2. 理解土的压缩试验。
3. 掌握土的压缩性指标的计算方法。
4. 掌握地基最终沉降量的计算方法。
5. 掌握地基沉降与时间的关系的计算方法。

第2章土中应力与地基沉降.pptx

【教学要求】

本章要点	掌握层次	相关知识点
土中应力	1. 学会土体自重应力的计算 2. 学会基底压力的计算 3. 学会基底附加应力的计算	1. 土体自重应力 2. 基底压力 3. 基底附加应力
土的压缩性及指标	1. 理解土的压缩性 2. 掌握土的压缩性指标	1. 土的压缩性 2. 土的压缩性指标
地基最终沉降量	1. 掌握用分层综合法计算沉降量 2. 掌握《建筑地基基础设计规范》中计算沉降量的方法	1. 土分层综合法的计算原理 2. 土分层综合法的计算步骤 3. 《建筑地基基础设计规范》中的计算方法
地基沉降与时间的关系	1. 熟记饱和土的渗流固结过程 2. 掌握单向固结理论的应用 3. 掌握地基沉降与时间的关系的计算方法 4. 掌握地基瞬时沉降与次固结沉降的计算方法	1. 饱和土的渗流固结 2. 单向固结理论 3. 地基沉降与时间关系计算 4. 地基瞬时沉降与次固结沉降

【案例导入】

　　虎丘塔位于苏州市西北虎丘公园山顶，原名云岩寺塔，落成于宋太祖建隆二年(公元 961 年)，距今已有 1000 多年的悠久历史。全塔共七层，高 47.5m。塔的平面呈八角形，由外壁、回廊与塔心三部分组成。虎丘塔全部是砖砌，外形完全模仿楼阁式木塔，每层都有八个壶

门，拐角处的砖特制成圆弧形，十分美观，在建筑艺术上是一个创新。1961 年 3 月 4 日，国务院将此塔列为全国重点文物保护单位。

1980 年 6 月，虎丘塔现场调查，当时由于全塔向东北方向严重倾斜，不仅塔顶离中心线已达 2.31m，而且底层塔身出现不少裂缝，成为危险建筑而封闭、停止开放。仔细观察塔身的裂缝，发现一个规律，塔身的东北面为垂直裂缝，塔身的西南面却是水平裂缝。

【问题导入】

结合本章内容，试分析事故发生的原因。

2.1 土中应力

土中应力是指土体在自身重力、建筑物和构筑物荷载，以及其他因素(如土中水的渗流、地震等)的作用下，土中产生的应力。土中应力过大时，会使土体因强度不够发生破坏，甚至使土体发生滑动而失去稳定。此外，土中应力的增加会引起土体变形，使建筑物发生沉降、倾斜以及水平位移。土的变形过大，往往会影响建筑物的正常使用或安全。因此，在研究土的变形和强度及稳定性问题时，必须先掌握土中应力的计算。

土中应力与地基
沉降.mp4

土体的应力，按引起的原因分为自重应力和附加应力；按土体中骨架和土中孔隙(水、气体)的应力承担作用原理或应力传递方式可分为有效应力和孔隙应(压)力。

自重应力——由土体自身重量所产生的应力称为自重应力。自重应力是指土粒骨架承担由土体自重引起的有效应力部分。

附加应力——由外荷(静的或动的)引起的土中应力称为附加应力。广义地讲，在土体原有应力之外新增加的应力都可以称为附加应力，它是使土体彻底产生变形和强度变化的主要外因。

有效应力——由土骨架传递(或承担)的应力称为有效应力。冠以"有效"，其含义是，只有当土骨架承担应力后，土体颗粒才会产生变形，同时增加了土体的强度。

孔隙应力——由土中孔隙流体水和气体传递(或承担)的应力称为孔隙应力。孔隙应力与有效应力之和称为总应力，保持总应力不变，有效应力和孔隙应力可以互相转化。

2.1.1 土体自重应力

自重应力是由土体本身的有效重力产生的应力，在建筑物建造之前就存在于土中,研究地基的自重应力是为了确定地基土体的初始应力状态。

1. 土体自重应力的定义

在未修建建筑物之前，由土体本身自重引起的应力称为土的自重应

自重应力.docx

力，记为 σ_c。

2. 土体自重应力的计算方法

在地面水平、土层广阔分布的情况下，土体在自重作用下无侧向变形和剪切变形，只有竖向变形。地面下深度 z 处土层的自重应力 σ_{cz}，等于该处单位面积上土柱的重量，如图 2-1 所示。可按下式计算：

$$\sigma_{cz} = \gamma_1 h_1 + \gamma_2 h_2 + \gamma_3 h_3 + \cdots + \gamma_n h_n = \sum_{i=1}^{n} \gamma_i h_i \tag{2.1}$$

式中：γ_i——第 i 层土的天然重度，kN/m^3，地下水位以下一般用浮重度 γ'；

$\quad\quad h_i$——第 i 层土的厚度，m；

$\quad\quad n$——从地面到深度 z 处的土层数。

通常土的自重应力不会引起地基变形，因为正常固结土的形成年代很久，早已固结稳定。只有新近沉积的欠固结土或人工填土，在土的自重作用下尚未固结，需要考虑土的自重引起的地基变形。

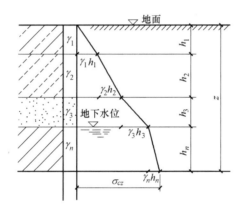

图 2-1 土的自重应力分布

2.1.2 基底压力

建筑物荷载通过基础传递给地基，在基础底面与地基之间便产生了接触应力。单位基础底面积上所受的压力称为基底压力。地基土层反向施加于基础底面上的压力称为基底反力，是基底压力的反作用力。

1. 基底压力分布

试验表明，基底压力的分布规律主要取决于基础的刚度、荷载的分布、基础的埋深和土的性质等。

1）柔性基础

土坝、路基、油罐薄板这一类基础，本身刚度很小，在竖向荷载作

基底压力.docx

用下几乎没有抵抗弯曲变形的能力，基础随着地基同步变形，因此柔性基础接触压力分布

与其上部荷载分布情况相同。在均布荷载作用下基底反力为均匀分布，如图 2-2 所示。

2) 刚性基础

大块整体基础本身刚度远超过土的刚度，这类刚性基础底面的接触压力分布图形很复杂，要求地基与基础的变形必须协调一致。

(1) 马鞍形分布。

理论与试验证明，当荷载较小、中心受压时，刚性基础下接触压力呈马鞍形分布，如图 2-3(a)所示。

(2) 抛物线分布。

当上部荷载加大，基础边缘地基土中产生塑性变形区，即局部剪裂后，边缘应力不再增大，应力向基础中心转移，接触压力变为抛物线形，如图 2-3(b)所示。

(3) 钟形。

当上部荷载很大、接近地基的极限荷载时，应力图形又变成钟形，如图 2-3(c)所示。

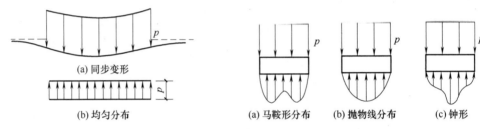

图 2-2　柔性基础接触压力分布图　　　　图 2-3　刚性基础接触压力分布图

2. 简化计算

由于基底压力往往是作用在离地面不远的深度，根据弹性力学中的圣维南原理，在基底下一定深度处，土中应力分布与基础底面上荷载分布的影响并不显著，而只决定于荷载合力的大小和作用点位置。因此，目前在工程实践中，在基础的宽度不太大、荷载较小的情况下，其基底压力可近似地按直线分布的图形计算，可按材料力学公式进行简化计算。

1) 竖向中心荷载

矩形基础的长度为 l，宽度为 b，基础顶部作用着竖直中心荷载 F，假定基底压力均匀分布，如图 2-4 所示，则按下式计算：

$$p = \frac{F+G}{A} \tag{2.2}$$

式中：p——基底压力，kPa；

F——基础顶面上的竖向荷载，kN；

G——基础自重和基础上的土重，kN，$G = \gamma_G A d$，γ_G 为基础及回填土的平均重度，一般取 $\gamma_G = 20\text{kN}/\text{m}^3$，在地下水位以下部分，取 $\gamma_G' = 10\text{kN}/\text{m}^3$；

A——基底面积，m^2。

对于荷载沿长度方向均匀分布的条形基础，基础长度大于宽度的 10 倍，通常沿基础长度方向取 1m 来计算。此时，公式中的 F，G 为每延米内的相应值，A 即为宽度 b。

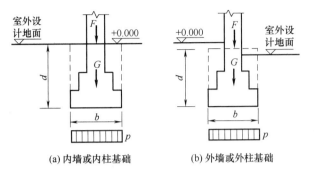

(a) 内墙或内柱基础　　　　(b) 外墙或外柱基础

图 2-4　竖向中心荷载作用下的基底压力

2) 竖向偏心荷载

基础受偏心荷载，如图 2-5 所示。

$$p_{\min}^{\max} = \frac{F}{A}\left(1 \pm \frac{6e}{b}\right) \tag{2.3}$$

式中：$p_{\max}$、$p_{\min}$ ——基础底面边缘的最大、最小压力设计值，kPa；

　　　F ——作用在基础底面的竖向合力设计值，kN；

　　　e ——竖向合力的偏心距，m；

　　　b ——偏心方向基础底面边长，m。

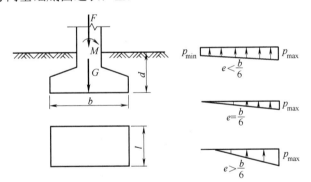

图 2-5　竖向偏心荷载作用下的基底压力

当偏心距 $e < \dfrac{b}{6}$ 时，基础底面接触压力呈梯形分布。若 $e = \dfrac{b}{6}$ 时，$p_{\min} = 0$，则基底面接触压力呈三角形分布。

上式也可表示为：

$$p_{\min}^{\max} = \frac{F+G}{A} \pm \frac{M}{W} \tag{2.4}$$

式中：M ——作用在基础底面处的力矩值；

　　　W ——抵抗矩，$W = \dfrac{b^2 l}{6}$，b 为力矩 M 作用方向的基础边长。

为了避免因地基应力不均匀，引起过大的不均匀沉降，通常要求 $\dfrac{p_{\max}}{p_{\min}} \leqslant 1.5 \sim 3.0$。对压

缩性高的黏性土应采用小值，对压缩性低的无黏性土可采用大值。

作用于建筑物上的水平荷载，通常按均匀分布于整个基础底面计算。

2.1.3　基底附加应力

在长期的地质年代形成过程中，土体已经在自重应力作用下达到压缩稳定，因此，土的自重应力不再引起土的变形。《建筑地基基础设计规范》规定，基础一般有一定的埋置深度，因此只有超过基底处原有自重应力的那部分应力才使地基产生变形，使地基产生变形的基底压力称为基底附加应力 p_0。

附加应力.docx

基底附加应力在数值上等于基底压力扣除基底标高处原有土体的自重应力。按下式计算：

$$p_0 = p - \gamma_m d \tag{2.5}$$

式中：p_0——基础底面的附加压力，kPa；

$\quad\quad p$——基础底面的接触压力，kPa；

$\quad\quad \gamma_m$——基础底面以上地基土的加权平均重度，地下水位以下取有效重度的加权平均值，kN/m³。

【案例 2-1】

某市新建教学楼工程，基础埋置深度 $d = 1.5$m，建筑物荷载及基础和台阶土重传至基底总应力为 100kPa，若基底以上土的重度为 19kN/m³，基地以下土的重度为 16kN/m³，地下水位在地表处。

问题：

结合所学知识，试计算基底的竖向附加应力。

2.2　土的压缩性及指标

2.2.1　土的压缩性及指标概述

从宏观上看，土体的压缩是由于土颗粒、水、气体三相的压缩以及水和气体从土中排出造成的。但试验研究表明，在一般压力(100～600kPa)作用下，土颗粒和水的压缩量在土体总压缩量中所占的比例很小(一般不足 1/3000)，可以忽略不计。因此，土的压缩可以看成是由于水和气体的排出造成土中孔隙体积的减少，对饱和土来说就是土中孔隙水的排出。从微观上看，土体受压力作用，土颗粒在压缩过程中不断地调整位置，重新排列压紧，直至达到新的平衡和稳定状态。

土的压缩性常用压缩系数、压缩模量和压缩指数等指标来评价。这些压缩性指标可通过室内或现场试验来确定。

2.2.2　压缩曲线

压缩试验是室内测定土的压缩性的基本途径。室内侧限压缩仪(又称固结仪)，如图 2-6 所示。在环刀的保护下，压缩仪中的土样只能竖向压缩，不能侧向变形。

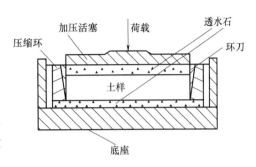

图 2-6　室内侧限压缩仪

设在压力 p_1 作用下土样的高度为 h_1，孔隙比为 e_1；当压力增至 p_2 后，土样发生压缩，孔隙比减至 e_2，高度降至 h_2，则土样高度的压缩变形量为 $s = h_1 - h_2$。土样在压缩前后有"两不变"，即横截面积不变和土颗粒体积不变。

令土样中土颗粒体积 $V_s = 1$，则按三相比例指标的定义和关系：压力 p_1 作用下的孔隙体积为 e_1，土样总体积为 $1+e_1$；p_2 作用下的孔隙体积为 e_2，土样总体积为 $1+e_2$。再由土样横截面积不变的条件有

$$\frac{1+e_1}{h_1} = \frac{1+e_2}{h_2} \tag{2.6}$$

由此得土样在荷载增量 $\Delta p = p_2 - p_1$ 作用下的压缩变形量为

$$s = \frac{e_1 - e_2}{1 + e_1} h_1 \tag{2.7}$$

试验时，通过施加不同的荷载 p，可以得到压缩稳定时相应的孔隙比 e，表示 e 随 p 变化的关系曲线称为压缩曲线。通常，压缩曲线有两种表示方法，即 $e-p$ 曲线和 $e-\lg p$ 曲线，如图 2-7 所示。

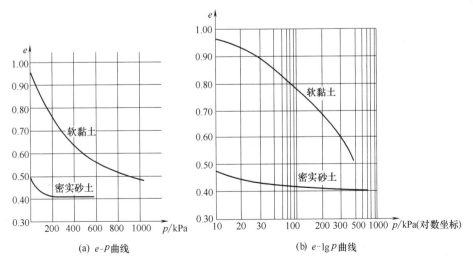

(a) e-P曲线　　　　　(b) e-$\lg p$曲线

图 2-7　土的压缩曲线

2.2.3 压缩系数 a

压缩曲线反映了土受压后的压缩特性，它的形状与土试样的成分、结构、状态以及受力历史有关。压缩性不同的土，$e-p$ 曲线的形状是不一样的。假定试样在某一压力 σ_1' 作用下已经压缩稳定，现增加一压力增量至压力 p_2。对于该压力增量，曲线越陡，土的孔隙比减少越显著，表示体积压缩越大，该土的压缩性越高。压缩曲线的坡度可以形象地说明土的压缩性的高低。

在压缩曲线中，当压力 p 的变化范围不大时，压缩曲线 M_1M_2 可近似看作直线。土的压缩性可用线段 M_1M_2 的斜率来表示。则

$$a = \tan\beta = \frac{e_1 - e_2}{p_2 - p_1} \times 1000 \qquad (2.8)$$

式中：a——土的压缩系数，MPa^{-1}；

β——M_1M_2 直线与横坐标的夹角，°；

1000——单位换算系数，p 的量纲为 kPa。

这个公式是土的力学性质的基本定律之一，称为压缩定律。它表明，在压力变化范围不大时，孔隙比的变化值(减小值)与压力的变化值(增量)成正比，其比值即压缩系数 a。

压缩系数是评价地基土压缩性高低的重要指标之一。从压缩曲线上看，它不是一个常量，与初始压力有关，也与压力变化范围有关。为了统一标准，在实际工程中，通常采用压力间隔由 $p_1 = 100\text{kPa}$ 增加到 $p_2 = 200\text{kPa}$ 时所得的压缩系数 a_{1-2} 来评定不同类型和状态土的压缩性高低。《建筑地基基础设计规范》(GB 50007—2011)规定，将 a_{1-2} 的大小作为判别土的压缩性高低的标准，如图 2-8 所示。

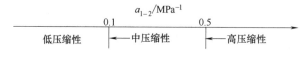

图 2-8 土的压缩性的标准

2.2.4 压缩模量 E_s

除了采用压缩系数作为土的压缩性指标外，工程上还经常用压缩模量 E_s 作为土的压缩性指标，即土在侧限条件下的竖向附加应力与相应的应变增量之比值。土的压缩模量 E_s 可根据下式计算：

$$E_s = \frac{1 + e_1}{a} \qquad (2.9)$$

式中：E_s——土的压缩模量，MPa；

a——土的压缩系数，MPa^{-1}；

e_1——相当于 σ_1 作用下压缩稳定后的孔隙比。

压缩模量 E_s 也是土的一个重要的压缩性指标，与压缩系数成反比。E_s 越大，a 越小，土的压缩性越低，所以，E_s 可以用来划分土压缩性的高低。

音频 1 压缩模量

E_s.mp3

一般认为：

(1) 当 $E_s < 4\text{MPa}$ 时，为高压缩性土。

(2) 当 $E_s = 4 \sim 15\text{MPa}$ 时，为中压缩性土。

(3) 当 $E_s > 15\text{MPa}$ 时，为低压缩性土。

2.2.5　压缩指数 C_c

压缩试验结果以孔隙比 e 为纵坐标，以对数坐标横坐标表示 $\lg p$，绘制 $e - \lg p$ 曲线，如图 2-9 所示。此曲线开始一段呈曲线，其后很长一段为直线段，即曲线的斜率相同，便于应用。此直线段的斜率称为压缩指数 C_c，即

$$C_c = \frac{e_i - e_{i+1}}{\lg p_{i+1} - \lg p_i} \tag{2.10}$$

式中：C_c——压缩指数；

　　　e_i、e_{i+1}——在 $e - \lg p$ 曲线的直线部分上与压力为 p_i 及 p_{i+1} 相应的孔隙比；

　　　p_i、p_{i+1}——相应于 e_i、e_{i+1} 时的压力。

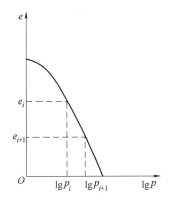

图 2-9　压缩指数

【案例 2-2】

某校老师带领同学进行土工试验，取一土样(含水量 $\omega = 38\%$，重度 $\gamma = 18\text{kN/m}^3$，土粒相对密度 $G_s = 2.7$)，在压缩仪中，荷载从 0 增加到 100kPa，土样压缩了 0.9mm。

问题：

结合所学知识，试计算压缩模量 E_s。

2.3　地基的最终沉降量

地基的最终沉降量是指地基土层在建筑物荷载作用下，不断地产生压缩，直至压缩稳定后地基表面的沉降量。

一般认为地基土层在自重作用下压缩已稳定，地基沉降的外因主要是建筑物荷载在地

基中产生的附加应力，其内因是土具有碎散性，在附加应力作用下土层的孔隙发生压缩变形，引起地基沉降。

世界上关于地基沉降量的计算方法很多，在我国工业与民用建筑中常用两种方法：分层总和法和《建筑地基基础设计规范》(GB 50007—2011)推荐法。

2.3.1 分层总和法

分层总和法的计算原理：先将地基土分为若干水平土层，各土层厚度分别为 h_1，h_2，h_3，$\cdots$，h_n，计算每层上的压缩量 s_1，s_2，s_3，$\cdots$，s_n，然后累计起来，即为总的地基沉降量 s，如图 2-10 所示。

$$s = s_1 + s_2 + s_3 + \cdots + s_n = \sum_{i=1}^{n} s_i \tag{2.11}$$

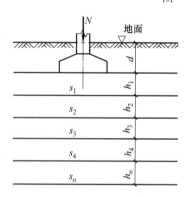

音频　分层总和法

计算步骤.mp3

图 2-10　分层总和法计算原理

分层总和法的几点假定：

(1) 地基土为均匀、等向的半无限空间弹性体。在建筑物荷载作用下，土中的应力与应变 $\sigma - \varepsilon$ 呈直线关系。

(2) 地基沉降计算的部位，按基础中心点 O 下土柱所受附加应力 σ_z 进行计算。

(3) 地基土的变形条件为侧限条件，即在建筑物的荷载作用下，地基土层只产生竖向压缩变形，侧向不能膨胀变形。

(4) 沉降计算的深度，理论上应计算至无限大，工程上因附加应力扩散随深度而减小，计算至某一深度(即受压层)即可。在受压层以下的土层附加应力很小，所产生的沉降量可忽略不计。若受压层以下尚有软弱土层，则应计算至软弱土层底部。

计算步骤：

(1) 用坐标纸按比例绘制地基土层分布剖面图和基础剖面图，如图 2-11 所示。

(2) 计算地基土的自重应力 σ_c。

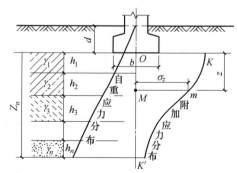

图 2-11　分层总和法计算地基沉降

(3) 计算基础底面接触压力。

中心荷载
$$p = \frac{F + G}{A}$$

偏心荷载
$$p_{\min}^{\max} = \frac{F}{A}\left(1 \pm \frac{6e}{b}\right)$$

或
$$p_{\min}^{\max} = \frac{F + G}{A} \pm \frac{M}{W}$$

(4) 计算基础底面附加应力。

$$p_0 = p - \gamma_m d$$

式中：p——基础底面接触压力，kPa；

$\gamma_m d$——基础埋置深度 d 处的自重应力，kPa。

(5) 计算地基中的附加应力分布。计算土层厚度不能太厚，要求每层厚度 $h_i \leqslant 0.4b$。

(6) 确定地基受压层深度 Z_n。由图 2-11 中的自重应力分布和附加应力分布两条曲线，可以找到某一深度处附加应力 σ_z，为自重应力 σ_{cz} 的 20%，此深度称为地基受压层深度 Z_n。此处：

一般土
$$\sigma_z = 0.2\sigma_{cz}$$

软土
$$\sigma_z = 0.1\sigma_{cz}$$

式中：σ_z——基础底面中心 O 点下深度 z 处的附加应力，kPa；

σ_{cz}——同一深度 z 处的自重应力，kPa。

用坐标纸绘图 2-11，通过数小方格，可以很方便地找到 Z_n。

(7) 沉降计算。分层为使地基沉降计算比较精确，除按 $0.4b$ 分层以外，还需考虑下列因素：地质剖面图中，不同的土层，因压缩性不同应为分层面；地下水位应为分层面；基础底面附近附加应力数值大且曲线的曲率大，分层厚度应小些，以使各计算分层的附加应力分布曲线以直线代替计算时误差较小。

(8) 计算各土层的压缩量。第 i 层土的压缩量 s_i：

$$s_i = \frac{\Delta P_i}{E_{si}} h_i$$

$$s_i = \left(\frac{a_i}{1 + e_{1i}}\right) \Delta P_i h_i$$

$$s_i = \left(\frac{e_{1i} - e_{2i}}{1 + e_{1i}}\right) h_i$$

式中：ΔP_i——为第 i 层土的平均附加应力，kPa；

E_{si}——为第 i 层土的侧限压缩模量，kPa；

h_i——为第 i 层土的厚度，m；

a_i——为第 i 层土的压缩系数，kPa^{-1}；

e_{1i}——为第 i 层土压缩前的孔隙比；

e_{2i}——为第 i 层土压缩终止后的孔隙比。

(9) 计算地基最终沉降量。将地基受压层 Z_n 范围内各土层压缩量相加可得

$$s = s_1 + s_2 + s_3 + \cdots + s_n = \sum_{i=1}^{n} s_i$$

2.3.2 规范法

《建筑地基基础设计规范》(GB 50007—2011)中指出，计算地基变形时，传至基础底面上的荷载效应应按正常使用极限状态下荷载效应的准永久组合计算，不计入风荷载和地震作用，相应的极限值应为地基变形允许值。《建筑地基基础设计规范》中推荐了简化公式，简称为《规范法》。

用分层总和法计算地基沉降时，需将地基土分为若干层计算，工作量繁杂。《建筑地基基础设计规范》在分层总和法的基础上提出了一种较为简便的计算方法，即一种简化并经修正后的分层总和法。它是以天然土层面分层，对同一土层采用单一的侧限条件的压缩指标，并运用平均附加应力系数以简化计算，采用相对变形作为地基沉降计算深度的控制标准，最后引入沉降计算经验系数 ψ_s 来调整沉降计算值，使计算结果更接近于实测值。

《建筑地基基础设计规范》中地基最终沉降量计算公式如下。

将分层总和法计算的沉降量乘以经验系数 ψ_s，即得《建筑地基基础设计规范》中计算地基最终沉降量的公式：

$$s = \psi_s s' = \psi_s \sum_{i=1}^{n} \frac{p_0}{E_{si}} \left(z_i \overline{\alpha}_i - z_{i-1} \overline{\alpha}_{i-1} \right) \tag{2.12}$$

式中：s——按《建筑地基基础设计规范》计算地基最终沉降量，mm；

s'——按分层总和法计算的地基最终沉降量，mm；

ψ_s——沉降计算经验系数，根据地区沉降观测资料和经验确定，也可采用表 2-1 中的数值；

n——地基沉降计算深度范围内所划分的土层数；

p_0——对应于荷载效应准永久组合时的基底附加压力，kPa；

E_{si}——第 i 土层的压缩模量，按实际应力范围取值，kPa；

z_i，z_{i-1}——分别为基础底面至第 i 层土和第 $i-1$ 层土底面的距离，m；

$\overline{\alpha}_i$，$\overline{\alpha}_{i-1}$——基础底面计算点至第 i 层土、第 $i-1$ 层土底面范围内平均附加应力系数。

矩形及圆形面积上均布荷载作用下，通过中心点竖线上的平均附加应力系数如表 2-2 所示。

表 2-1 沉降计算经验系数 ψ_s

地基附加应力 E_s(MPa)	2.5	4.0	7.0	15.0	20.0
$p_0 \geqslant f_{ak}$	1.4	1.3	1.0	0.4	0.2
$p_0 \geqslant 0.75 f_{ak}$	1.1	1.0	0.7	0.4	0.2

注：$\overline{E}_s$ 为沉降计算深度范围内压缩模量的当量值，应按下式计算：$\overline{E}_s = \dfrac{\sum A_i}{\sum \dfrac{A_i}{E_{si}}}$；$A_i$ 为第 i 层土附加应力

系数沿土层厚度的积分值。

表 2-2　矩形及圆形面积上均布荷载作用下，通过中心点竖线上的平均附加应力系数

z/b ＼ l/b	1.0	1.2	1.4	1.6	1.8	2.0	2.4	2.8	3.2	3.6	4.0	5.0	>10 (条形)	圆形 z/R	圆形 $\bar{\alpha}$
0.0	1.000	1.000	1.000	1.000	1.000	1.000	1.000	1.000	1.000	1.000	1.000	1.000	1.000	0.0	1.000
0.1	0.997	0.998	0.998	0.998	0.998	0.998	0.998	0.998	0.998	0.998	0.998	0.998	0.998	0.1	1.000
0.2	0.978	0.990	0.991	0.992	0.992	0.992	0.993	0.993	0.993	0.993	0.993	0.993	0.993	0.2	0.998
0.3	0.967	0.973	0.976	0.978	0.979	0.979	0.980	0.980	0.981	0.981	0.981	0.981	0.982	0.3	0.993
0.4	0.936	0.947	0.953	0.956	0.958	0.956	0.961	0.962	0.962	0.963	0.963	0.963	0.963	0.4	0.986
0.5	0.900	0.915	0.924	0.929	0.933	0.935	0.937	0.939	0.939	0.940	0.940	0.940	0.940	0.5	0.974
0.6	0.858	0.878	0.890	0.898	0.903	0.906	0.910	0.912	0.913	0.914	0.914	0.915	0.915	0.6	0.960
0.7	0.816	0.840	0.855	0.865	0.871	0.876	0.881	0.884	0.885	0.886	0.887	0.887	0.888	0.7	0.942
0.8	0.775	0.801	0.819	0.831	0.839	0.844	0.851	0.855	0.857	0.858	0.859	0.860	0.860	0.8	0.923
0.9	0.735	0.764	0.784	0.797	0.806	0.813	0.821	0.826	0.829	0.830	0.831	0.832	0.833	0.9	0.901
1.0	0.698	0.723	0.749	0.764	0.775	0.783	0.792	0.798	0.801	0.803	0.804	0.806	0.807	1.0	0.878
1.1	0.663	0.694	0.717	0.733	0.744	0.753	0.764	0.771	0.775	0.777	0.779	0.780	0.782	1.1	0.855
1.2	0.631	0.663	0.686	0.703	0.715	0.725	0.737	0.774	0.749	0.752	0.754	0.756	0.758	1.2	0.831
1.3	0.601	0.633	0.657	0.674	0.688	0.698	0.711	0.719	0.725	0.728	0.730	0.733	0.735	1.3	0.808
1.4	0.573	0.605	0.629	0.648	0.661	0.672	0.687	0.696	0.701	0.705	0.708	0.711	0.714	1.4	0.784
1.5	0.548	0.580	0.604	0.622	0.637	0.643	0.664	0.676	0.679	0.683	0.686	0.690	0.693	1.5	0.762
1.6	0.524	0.556	0.580	0.599	0.613	0.625	0.641	0.651	0.658	0.663	0.666	0.670	0.675	1.6	0.739
1.7	0.502	0.533	0.558	0.577	0.591	0.603	0.620	0.631	0.638	0.643	0.646	0.651	0.656	1.7	0.718
1.8	0.482	0.513	0.537	0.556	0.571	0.583	0.600	0.611	0.619	0.624	0.629	0.633	0.638	1.8	0.697
1.9	0.463	0.493	0.517	0.536	0.551	0.563	0.581	0.593	0.601	0.606	0.610	0.616	0.622	1.9	0.677
2.0	0.446	0.475	0.499	0.518	0.533	0.545	0.563	0.575	0.584	0.590	0.594	0.600	0.606	2.0	0.658
2.1	0.429	0.459	0.482	0.500	0.515	0.528	0.546	0.559	0.567	0.574	0.578	0.585	0.591	2.1	0.640
2.2	0.414	0.443	0.466	0.484	0.499	0.511	0.530	0.543	0.552	0.558	0.563	0.570	0.577	2.2	0.623
2.3	0.400	0.428	0.451	0.469	0.484	0.496	0.515	0.528	0.537	0.544	0.548	0.556	0.564	2.3	0.606
2.4	0.387	0.414	0.436	0.454	0.469	0.481	0.500	0.513	0.523	0.530	0.535	0.543	0.551	2.4	0.590
2.5	0.374	0.401	0.432	0.441	0.455	0.468	0.486	0.500	0.509	0.516	0.522	0.530	0.539	2.5	0.574
2.6	0.362	0.389	0.410	0.428	0.442	0.455	0.473	0.487	0.496	0.504	0.509	0.518	0.528	2.6	0.560
2.7	0.351	0.377	0.398	0.416	0.430	0.442	0.461	0.474	0.484	0.492	0.497	0.606	0.517	2.7	0.546
2.8	0.341	0.366	0.387	0.404	0.418	0.430	0.449	0.463	0.472	0.480	0.486	0.495	0.506	2.8	0.532
2.9	0.331	0.356	0.377	0.393	0.407	0.419	0.438	0.451	0.461	0.469	0.475	0.485	0.496	2.9	0.519

续表

z/b l/b	1.0	1.2	1.4	1.6	1.8	2.0	2.4	2.8	3.2	3.6	4.0	5.0	>10 (条形)	圆形 z/R	圆形 $\bar{\alpha}$
3.0	0.322	0.346	0.366	0.383	0.397	0.409	0.427	0.441	0.445	0.459	0.465	0.474	0.487	3.0	0.507
3.1	0.313	0.337	0.357	0.373	0.387	0.398	0.417	0.430	0.440	0.448	0.454	0.464	0.477	3.1	0.495
3.2	0.305	0.328	0.348	0.364	0.377	0.389	0.407	0.420	0.431	0.439	0.445	0.455	0.468	3.2	0.484
3.3	0.297	0.320	0.339	0.355	0.368	0.379	0.397	0.411	0.421	0.429	0.436	0.446	0.460	3.3	0.473
3.4	0.289	0.312	0.331	0.346	0.359	0.371	0.388	0.402	0.412	0.420	0.427	0.437	0.452	3.4	0.463
3.5	0.282	0.304	0.323	0.338	0.351	0.362	0.380	0.393	0.403	0.403	0.418	0.429	0.444	3.5	0.453
3.6	0.276	0.297	0.315	0.330	0.343	0.354	0.372	0.385	0.395	0.395	0.410	0.421	0.436	3.6	0.443
3.7	0.269	0.290	0.308	0.323	0.335	0.346	0.364	0.377	0.387	0.387	0.402	0.413	0.429	3.7	0.434
3.8	0.263	0.284	0.301	0.316	0.328	0.339	0.356	0.369	0.379	0.379	0.394	0.4050	0.422	3.8	0.425
3.9	0.257	0.277	0.294	0.309	0.321	0.332	0.349	0.362	0.372	0.372	0.387	0.398	0.415	3.9	0.417
4.0	0.251	0.271	0.288	0.302	0.314	0.325	0.342	0.355	0.365	0.365	0.379	0.391	0.408	4.0	0.409
4.1	0.246	0.265	0.282	0.296	0.308	0.318	0.335	0.348	0.398	0.368	0.372	0.384	0.402	4.1	0.401
4.2	0.241	0.260	0.276	0.290	0.302	0.312	0.328	0.341	0.352	0.352	0.366	0.377	0.396	4.2	0.393
4.3	0.236	0.255	0.270	0.284	0.296	0.306	0.322	0.335	0.345	0.345	0.359	0.371	0.390	4.3	0.386
4.4	0.231	0.250	0.265	0.278	0.290	0.300	0.316	0.329	0.339	0.339	0.353	0.365	0.384	4.4	0.379
4.5	0.226	0.245	0.260	0.273	0.285	0.294	0.310	0.323	0.333	0.333	0.347	0.359	0.378	4.5	0.372
4.6	0.222	0.240	0.255	0.268	0.279	0.289	0.305	0.317	0.327	0.327	0.341	0.353	0.373	4.6	0.365
4.7	0.218	0.235	0.250	0.263	0.274	0.284	0.299	0.312	0.321	0.321	0.336	0.347	0.367	4.7	0.359
4.8	0.214	0.231	0.245	0.258	0.269	0.279	0.294	0.306	0.316	0.316	0.330	0.342	0.362	4.8	0.353
4.9	0.210	0.227	0.241	0.253	0.265	0.274	0.289	0.301	0.311	0.311	0.325	0.337	0.357	4.9	0.347
5.0	0.206	0.223	0.237	0.249	0.260	0.269	0.284	0.296	0.306	0.306	0.320	0.332	0.352	5.0	0.341

【案例 2-3】

某市建筑厂房为框架结构，柱基底面为正方形，边长 $l=b=4\text{m}$，基础埋置深度为 $d=1\text{m}$。上部结构传至基础顶面荷重 $F=1600\text{kN}$。地基为粉质黏土，土的天然重度 $\gamma=18\text{kN/m}^3$，土的天然孔隙比 $e=0.96$。地下水位深 2.4m，地下水位以下土的饱和重度 $\gamma_{\text{sat}}=19\text{kN/m}^3$。土的压缩系数：地下水位以上 $a_1=0.3\text{MPa}^{-1}$，地下水位以下 $a_2=0.25\text{MPa}^{-1}$。

问题：

结合所学知识，试计算柱基中点的沉降量。

2.4　地基沉降与时间的关系

上述地基沉降计算为地基的最终沉降量，是指外荷载在地基中产生的附加应力的作用下，地基受压层中的孔隙发生压缩达到稳定后的沉降量。但有时需要预计建筑物在施工期间和使用期间的地基沉降量，例如设计预留建筑物有关部分之间的净空，考虑连接方法和施工顺序。尤其对发生裂缝、倾斜等事故的建筑物，更需要了解当时的沉降和预计今后沉降的发展，即需了解地基沉降的过程，讨论地基变形与时间的关系。

碎石土和砂土的透水性好，其变形所经历的时间很短，可以认为在外荷载施加完毕(如建筑物竣工)时，其变形已稳定；对于黏性土，完成固结所需的时间就比较长，在厚层的饱和软黏土中，其固结变形需要经过几年甚至几十年时间才能完成。所以，下面只讨论饱和土的变形与时间的关系。

2.4.1　饱和土的渗流固结

1. 饱和土体渗流固结过程

饱和土体受荷产生压缩(固结)的过程包括以下几方面。

(1) 土体孔隙中自由水逐渐排出。

(2) 土体孔隙体积逐渐减小。

(3) 由孔隙水承担的压力逐渐转移到土骨架来承受，成为有效应力。

上述三个方面为饱和土体固结作用——排水、压缩和压力转移，三者同时进行的一个过程。

饱和土的渗流与

固结.docx

2. 渗透固结力学模型

饱和土的渗透固结，可借助图 2-12 所示的弹簧—活塞模型来说明。在一个盛满水的圆筒中，装一个带有弹簧的活塞，弹簧表示土的颗粒骨架，圆筒内的水表示土中的自由水，带孔的活塞则表征土的透水性。由于模型中只有固、液两相介质，则对于外力 σ_z 的作用只能是水与弹簧两者来共同承担。设其中的弹簧承担的压力为有效应力 σ'，圆筒中的水承担的压力为孔隙水压力 u，按照静力平衡条件，应有

$$\sigma_z = \sigma' + u \tag{2.13}$$

(1) 当 $t = 0$ 时，即活塞瞬间施加压力，水来不及排出，弹簧没有变形，附加应力全部由水承担，即 $u = \sigma_z$，$\sigma' = 0$。

(2) 当 $t = 0$ 时，随着荷载作用时间的延续，水受到压力后逐步排出，弹簧开始受力 σ' 并逐步增长，随着时间的延续，水承受的压力即孔隙水压力 u 相应减小，附加应力由二者共同承担，即 $\sigma_z = \sigma' + u$，$\sigma' < \sigma_z$，$u < \sigma_z$。

(3) 当 $t \to \infty$ 时，即固结变形的最终时刻，水从孔隙中充分排出，孔隙水压力完全消散，活塞最终下降到外荷载 σ' 全部由弹簧承担，饱和土体渗透固结完成。即 $\sigma_z = \sigma'$，$u = 0$ 达

到最大值，u 减小到最小值。

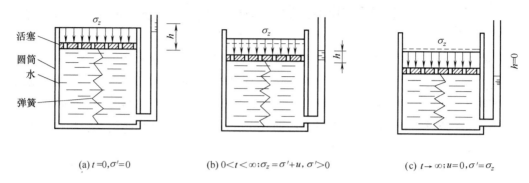

(a) $t=0,\sigma'=0$　　　　(b) $0<t<\infty:\sigma_z=\sigma'+u,\ \sigma'>0$　　　　(c) $t\to\infty:u=0,\sigma'=\sigma_z$

图 2-12　饱和土体渗流固结模型

可见，饱和土渗流固结的过程是孔隙水压力随时间逐步消散和有效应力逐步增加的过程。

2.4.2　单向固结理论

为了求得饱和土层在渗流固结过程中某一时间的变形，通常采用太沙基提出的一维固结理论进行计算。其适用条件为荷载面积远大于压缩土层的厚度，地基中孔隙水主要沿竖向渗流。对于堤坝及其地基，孔隙水主要沿两个方向渗流，属于二维固结问题；对于高层建筑，则应考虑三维固结问题。

设厚度为 H 的饱和黏土层，顶面是透水层，底面是不透水和不可压缩层。假设该饱和土层在自重应力作用下的固结已经完成，顶面施加一均布荷载 p。由于土层厚度远小于荷载面积，故土中附加应力图形近似取作矩形分布，即附加应力不随深度而变化，但是孔隙压力 u 是坐标 z 和时间 t 的函数。

为了分析固结过程，作以下假设。

(1) 土中水的渗流只沿竖向发生，而且渗流符合达西定律，土的渗透系数为常数。

(2) 相对于土的孔隙，土颗粒和土中水都是不可压缩的，因此，土的变形仅是孔隙体积压缩的结果。

(3) 土是完全饱和的，土的体积压缩量同孔隙中排出的水量相等，而且压缩变形速率取决于土中水的渗流速率。

从饱和土层顶面下深度 z 处取一微单元体 $1\times1\times\mathrm{d}z$，根据单元体的渗流连续条件和达西定律，可建立饱和土的一维固结微分方程：

$$\frac{\partial u}{\partial t}=C_v\frac{\partial^2 u}{\partial z^2} \tag{2.14}$$

式中：C_v——土的固结系数，$C_v=\dfrac{k(1+e_1)}{\gamma_w a}$；

k——土的渗透系数；

e_1——渗流固结前的孔隙比；

γ_w——水的重度；

a——土的压缩系数。

2.4.3 地基沉降与时间关系计算

地基沉降与时间关系计算步骤如下。

(1) 计算地基最终沉降量 s。按分层总和法或《建筑地基基础设计规范》(GB 50007—2011)进行计算。

(2) 计算附加应力比值 α。

(3) 假定一系列地基平均固结度 U_t。如 $U_t = 10\%$，20%，40%，50%，60%，80%，90%。

(4) 计算时间因子 T_v。由假定的每一个平均固结度 U_t 与 α 值，应用图 2-13，查出纵坐标时间因子 T_v。(反应固结程度)

(5) 计算时间 t。由地基土的性质指标和土层厚度，计算每一个 U_0 的时间 t。

(6) 计算时间 t 的沉降量 s_t。由 $U_t = \dfrac{s_t}{s}$ 可得：

$$s_t = U_t s \tag{2.15}$$

(7) 绘制 $s_t - t$ 关系曲线。以计算的 s_t 为纵坐标，时间 t 为横坐标，绘 $s_t - t$ 曲线，则可求任意时间 t_1 的沉降量 s_1。

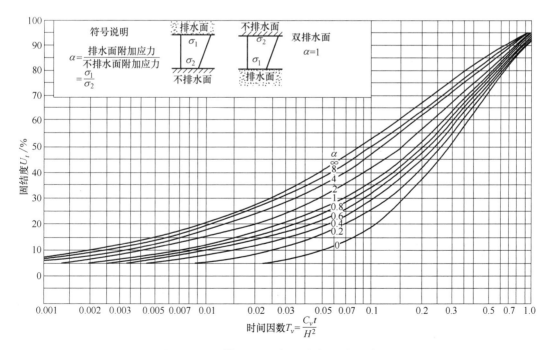

图 2-13　时间因子 T_v 与固结度 U_t 的关系图

2.4.4 地基瞬时沉降与次固结沉降

1. 地基沉降的组成

(1) 瞬时沉降 s_d。瞬时沉降是地基受荷后立即发生的沉降。

(2) 固结沉降 s_e。地基受荷后产生的附加应力，使土体的孔隙减小而产生的沉降称为固结沉降。通常这部分沉降量是地基沉降的主要部分。

(3) 次固结沉降 s_s。由土的固体骨架长时间缓慢蠕变所产生的沉降称为次固结沉降或蠕变沉降。

音频　地基沉降的组成.mp3

综上所述，地基的总沉降为瞬时沉降、固结沉降和次固结沉降三者之和，如图 2-14 所示。

$$s = s_d + s_e + s_s \tag{2.16}$$

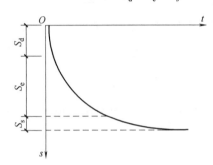

图 2-14　地基沉降的组成

2. 地基瞬时沉降计算

模型试验和原型观测资料表明，饱和黏性土的瞬时沉降，可近似地按弹性力学公式计算：

$$s_d = \frac{C_d(1-\mu^2)}{E} pb \tag{2.17}$$

式中：μ ——土的泊松比，假定土体的体积不可压缩，取 0.5；

E ——为地基土的变形模量，采用三轴压缩试验初始切线模量 E_i 或现场实际荷载下，再加荷模量 E_r。

3. 地基次固结沉降计算

次固结与时间关系近似直线，则

$$\Delta e = C_d \lg \frac{t}{t_1} \tag{2.18}$$

$$s_s = \sum_{i=1}^{n} \frac{h_i}{1+e_{oi}} C_{di} \lg \frac{t}{t_1} \tag{2.19}$$

式中：C_d ——$e - \lg t$ 曲线后段的斜率，称次压缩系数，$C_d \approx 0.018w$，w 为天然含水率；

t ——所求次固结沉降的时间，由施荷时间算起；

t_1 ——相当于主固结度为 100% 的时间，由次压缩曲线上延而得，如图 2-15 所示；

h_i —— i 层土的厚度。

e_{oi} ——土的天然空隙比。

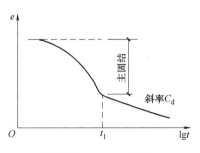

图 2-15　$e–\lg t$ 曲线

 本章小结

　　本章讲述了土中应力、土的压缩性及指标、地基最终沉降量以及地基沉降与时间的关系等相关知识。主要内容如下。

　　土中应力：土体自重应力、基底压力和基底附加应力。

　　土的压缩性及指标：压缩曲线、压缩系数、压缩模量以及压缩指数。

　　地基最终沉降量：采用分层总和法、规范法计算地基沉降量。

　　地基沉降与时间的关系：饱和土的渗流固结、单向固结理论、地基沉降与时间关系计算以及地基瞬时沉降与次固结沉降。

 实训练习

一、单选题

1. 关于土中应力的说法，有误的一项是(　　)。

　　A. 土中应力按产生原因分为自重应力和附加应力两种

　　B. 由土体自重产生的应力称为自重应力

　　C. 由建筑或地面堆载及基础引起的应力叫附加应力

　　D. 地基的变形一般是因自重应力的作用引起的

2. 土的压缩变形是由下述哪个变形造成的？(　　)。

　　A. 土孔隙的体积压缩变形

　　B. 土颗粒的体积压缩变形

　　C. 土孔隙和土颗粒的体积压缩变形之和

　　D. 以上都不对

3. 当土为欠固结状态时，其先期固结压力与目前上覆压力的关系为(　　)。

    A. 大于   B. 小于   C. 等于   D. 无关系

4. 土的压缩性 $e-p$ 曲线是在(　　)条件下试验得到的。

    A. 完全侧限   B. 无侧限条件   C. 部分侧限条件   D. 以上都不对

5. 有两个条形基础，基底附加应力分布相同，基础宽度相同，埋置深度也相同，但是基底长度不同，两基础沉降的不同之处是(　　)。

    A. 基底长度大的沉降量大   B. 基底长度大的沉降量小

    C. 两基础沉降量相同   D. 以上都不对

二、填空题

1. 土体的应力，按引起的原因分为(　　)和(　　)；按土体中骨架和土中孔隙(水、气体)的应力承担作用原理或应力传递方式可分为(　　)和(　　)。

2. 建筑物荷载通过基础传递给地基，在基础底面与地基之间便产生了(　　)。单位基础底面积上所受的压力称为(　　)。地基土层反向施加于基础底面上的压力称为(　　)，是(　　)的反作用力。

3. 土的压缩性常用(　　)、(　　)和(　　)等指标来评价。这些压缩性指标可通过室内或现场试验来确定。

4. 地基沉降的组成中，地基的总沉降为(　　)、(　　)和(　　)三者之和。

5. 为了求得饱和土层在渗透固结过程中某一时间的变形，通常采用(　　)提出的(　　)进行计算。

三、简答题

1. 何谓土体的自重应力？其沿深度有何变化？

2. 试述基础底面压力分布形式及其影响因素。

3. 分层总和法的基本假定是什么？

4. 何谓土的压缩系数？

5. 试述饱和土体渗流固结过程。

第 2 章习题答案.doc

实训工作单 1

班级		姓名		日期	
教学项目		压缩(固结)试验			
任务	以固结试验测定土的压缩系数，并根据试验数据绘制孔隙比与压力的关系曲线		试验仪器	三联固结仪	
相关知识	土的压缩性：土的压缩是土体在荷载作用下产生变形的过程，其变形量的大小与土样上所加的荷载大小和土样的性质有关。				
其他项目					

现场过程记录

评语			指导教师	

实训工作单 2

班级		姓名		日期	
教学项目		现场学习载荷试验			
任务	土的压缩性的原位测试		学习要求	学会原位测试方法	
相关知识	应注意保持试验土层的原状结构和天然湿度。				
其他项目					

现场过程记录

评语			指导教师	

第3章 土的抗剪强度和地基承载力

1. 了解土的抗剪强度的概念。
2. 理解三轴剪切试验、无侧限抗压强度试验、原位十字板剪切试验的方法。
3. 掌握土的极限平衡条件及计算。
4. 掌握地基承载力的确定方法。

第3章土的抗剪强度和地基

承载力.pptx

🏃 【教学要求】

本章要点	掌握层次	相关知识点
土的抗剪强度	1. 了解土的抗剪强度的概念 2. 理解直接剪切试验方法 3. 理解三轴压缩试验方法 4. 掌握土的极限平衡条件及计算	1. 应变控制式直剪仪 2. 应变控制三轴压缩仪 3. 三轴压缩试验的三种试验方法 4. 莫尔—库伦破坏理论 5. 莫尔应力圆
地基承载力	1. 了解地基的常见破坏形式 2. 掌握地基承载力的确定方法	1. 荷载—沉降曲线 2. 载荷试验 3. 地基承载力系数 4. 地基承载力特征值的修正

⚙️ 【案例导入】

　　某市一旅店为七层现浇钢筋混凝土框架结构，砖砌填充墙，钢筋混凝土独立基础，埋深0.8m。项目于2015年5月开工，2016年8月完成主体结构，于2017年4月基本完工，7月1日开始营业。但该建筑在2016年6月发现地梁开裂，并测得有不均匀沉陷，柱子最大沉降量为10.5cm，同年11月测得最大沉降量为43cm。12月发现1~6层部分梁、柱墙裂缝有31处，最长裂缝为480cm，最宽裂缝为0.3cm。

　　上述质量问题虽已发现，但未得到及时处理，并仍按原计划筹备开业。2017年5月3日下午6时30分，在无风无雨的情况下，整幢大楼突然全部倒塌。

【问题导入】

结合本章内容，试分析事故发生的原因。

3.1 土的抗剪强度

3.1.1 土的抗剪强度的概念

土的抗剪强度是指土体抵抗剪切破坏的极限能力。当土中某点在某一平面上的剪应力超过土的抗剪强度时，土体就会沿着剪应力的作用方向发生一部分相对于另一部分的移动，该点便发生了剪切破坏。若继续增加荷载，土体中的剪切破坏点将随之增多，并最终形成一个连续的滑动面，导致土体失稳，进而酿成工程事故。

土的抗剪强度和　　土体的破坏.docx

地基承载力.mp4

在与土体稳定有关的实际工程中，无论是边坡土体的滑动、挡土墙的倾覆，还是建筑物地基的失稳破坏，如图 3-1 所示，都与土体的抗剪强度有关，土体的抗剪强度是决定土体稳定性的关键因素之一。

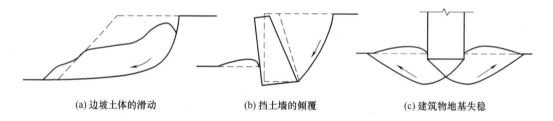

(a) 边坡土体的滑动　　　　　(b) 挡土墙的倾覆　　　　　(c) 建筑物地基失稳

图 3-1 土体工程破坏示意图

土的抗剪强度指标是通过土的抗剪强度试验测定的，不同的抗剪强度指标可以用不同的抗剪强度试验来获得。土的抗剪强度试验按照试验进行的场所，可分为室内试验和现场试验两大类。室内试验常用的有直接剪切试验、三轴压缩试验和无侧限抗压强度试验；现场试验有十字板剪切试验。

3.1.2 直接剪切试验

直接剪切试验是最基本的室内抗剪强度试验方法，它所使用的仪器称为直剪仪。按加荷方式分为应变式和应力式两类。前者是以等速推动剪切盒使土样受剪，后者则是分级施加水平剪力于剪力盒使土样受剪。目前我国普遍应用的是应变控制式直剪仪，如图 3-2 所示。试验开始前将上下金属盒的内圆腔对正，把试样置于上下盒之间。通过传压板和滚珠对土样先施加垂直法向应力 P_1，然后再施加水平剪力，使土样沿上下盒水平接触面发生剪切位移直至破坏。在剪切的过程中，每间隔一定的时间，测读相应的剪切变形一次，直至破坏。然后求出施加于试样截面的剪应力值。用同样的土样，改变法向应力，重复做多个这样的试验，以剪应力 τ 为纵坐标，剪切位移 Δl 为横坐标，可得 $\tau - \Delta l$ 曲线，如图 3-3 所示。

音频　直接剪切
试验.mp3

直接剪切试验.docx

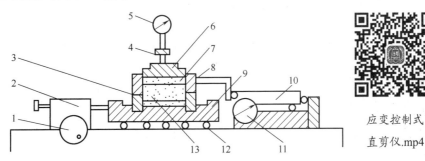

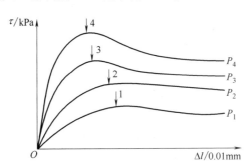

应变控制式
直剪仪.mp4

图 3-2　应变控制式直剪仪

1—剪切传动机构；2—推动器；3—下盒；4—垂直加压框架；5—垂直位移计；6—传压板；
7—透水板；8—上盒；9—储水盒；10—测力计；11—水平位移计；12—滚珠；13—试样

图 3-3　剪应力与剪切位移关系曲线

【案例 3-1】

某市建筑厂房在地质勘察时，取原状土进行直剪试验。其中一组试验，4 个试样分别施加垂直压力为 100kPa、200kPa、300kPa 和 400kPa，测得相应破坏时的剪应力分别为 68kPa、114kPa、163kPa 和 205kPa。

问题：

结合所学知识，试用画图法求此土样的抗剪强度指标 c 与 φ 值。

3.1.3　三轴压缩试验

由于直接剪切试验存在诸多缺点，因此，对于一级建筑物、重大工程和科学研究必须采用三轴压缩试验方法确定土的抗剪强度指标。三轴压缩试验是目前测定土的抗剪强度指标较为可靠的试验方法，它能较为严格地控制试样的排水、测试剪切前后和剪切过程中土样中的孔隙水压力。

三轴压缩试验是一种较完善的测定土的抗剪强度的试验方法，与直接剪切试验相比，三轴压缩试验试样中的应力比较明确和均匀。其使用的三轴压缩仪同样分应变控制式和应力控制式两种。应变控制式三轴压缩仪各系统的组成如图 3-4 所示。

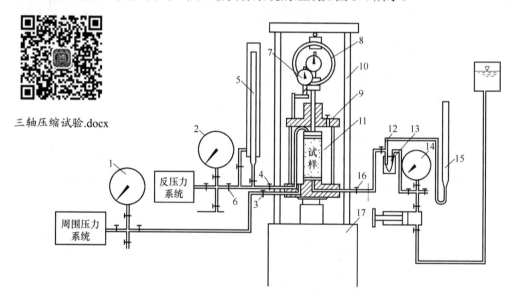

三轴压缩试验.docx

图 3-4　应变控制式三轴压缩仪

1—周围压力表；2—反压力表；3—周围压力阀；4—排水阀；5—体变管；6—反压力阀；
7—垂直变形百分表；8—量力环；9—排气孔；10—轴向加压设备；11—压力式；12—量管阀；
13—零位显示器；14—孔隙水压力表；15—量管；16—孔隙水压力阀；17—离合器

根据三轴压缩试验过程中试样的固结条件与孔隙水压力的消散情况，可分为三种试验方法，所得到的抗剪强度指标 c 与 φ 值亦不尽相同。

(1) 不固结不排水试验。在试样施加周围压力 σ_3 之前，将试样的排水阀关闭，在不固结的情况下施加轴向力进行剪切。在剪切过程中排水阀始终关闭，即不排水。在施加 σ_3 与 σ_1 过程中都不排水，在试样中存在孔隙水压力 u。

音频　不固结不排水
试验.mp3

(2) 固结不排水试验。在试样施加周围压力 σ_3 之前，将试样的排水阀打开，施加周围压力使土样排水固结达到稳定。再关闭排水阀施加轴向力进行剪切，在剪切过程中排水阀始终关闭。

（3）固结排水试验。在试样施加周围压力 σ_3 之前到施加轴向力进行剪切之后，整个试验过程中排水阀始终打开。

【案例3-2】

有一个黏土试样，进行常规三轴试验，三轴围压力 $\sigma = 210\text{kPa}$ 不变，破坏时轴向压力为 175kPa ，孔隙水压力为 45kPa 。

问题：

假定 $c = 0$ ，试求此土样的强度参数。

3.1.4 土的极限平衡条件

土的极限平衡状态：土体的剪应力 τ 等于土的抗剪强度 τ_f 时的临界状态。

土的极限平衡条件：土体处于极限平衡状态时土的应力状态和土的抗剪强度指标之间的关系式，即 σ_1、σ_2 与内摩擦角 φ、黏聚力 c 之间的数学表达式。

1. 土体中任一点的应力状态

1）最大主应力与最小主应力

微元体顶面和底面的作用力，均为

$$\sigma_1 = \gamma z \tag{3.1}$$

式中，σ_1 为作用在微元体上的竖向法向应力，即土的自重应力，kPa 。

微元体侧面作用力为

$$\sigma_2 = \sigma_3 = \xi \gamma z \tag{3.2}$$

式中：σ_2、σ_3——作用在微元体侧面的水平向法向应力，kPa ；

ξ——土的静止侧压力系数，小于 1 。

如图 3-5 所示，σ_1 为最大主应力，σ_3 为最小主应力。

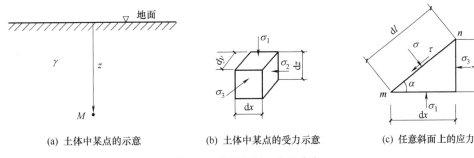

(a) 土体中某点的示意   (b) 土体中某点的受力示意   (c) 任意斜面上的应力

图 3-5 土体中任一点的应力

2）任意斜面上的应力

在微元体上取任一截面 mn，与大主应力面即水平面成 α 角，斜面 mn 上作用法向应力 σ 和剪应力 τ，如图 3-5(c)所示。

任意界面 mn 上的法向应力 σ 与剪应力 τ：

$$\sigma = \frac{\sigma_1 + \sigma_3}{2} + \frac{\sigma_1 - \sigma_3}{2} \cos 2\alpha \tag{3.3}$$

$$\tau = \frac{\sigma_1 + \sigma_3}{2} \sin 2\alpha \tag{3.4}$$

式中：σ——与大主应力面成 α 角的截面 mn 上的法向应力，kPa；

τ——同一截面上的剪应力，kPa。

3）用莫尔应力圆表示斜面上的应力

取 $\tau - \sigma$ 直角坐标系。在横坐标轴 $O\sigma$ 上，按一定的应力比例尺确定 σ_1 和 σ_3 的位置，以 $\sigma_1 - \sigma_3$ 为直径作圆，即为莫尔应力圆，如图 3-6 所示。取莫尔应力圆的圆心为 O_1，自 $\overline{O_1\sigma_1}$ 逆时针转 2α 角，得半径 $\overline{O_1a}$。此 a 点的坐标(σ，τ)，即为 M 点处与最大主应力面成 α 角的斜面 mn 上的法向应力和剪应力值。

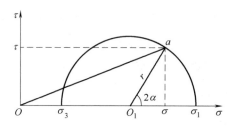

图 3-6　莫尔应力圆

2. 莫尔—库仑破坏理论

库仑通过一系列土的强度实验，总结出土的抗剪强度规律：

砂土 $\qquad\qquad\qquad\qquad \tau_f = \sigma \tan\varphi \tag{3.5}$

黏性土 $\qquad\qquad\qquad \tau_f = \sigma \tan\varphi + c \tag{3.6}$

式中：τ_f——土体破坏面上的剪应力，即土的抗剪强度，kPa；

σ——作用在剪切面上的法向应力，kPa；

φ——土的内摩擦角，°；

c——土的黏聚力，kPa。

公式(3.5)与公式(3.6)就是库仑定律。破坏包线为一条直线，即

$$\tau_f = f(\sigma) = \sigma \tan\varphi + c \tag{3.7}$$

这种以库仑定律表示莫尔破坏包线的理论称为莫尔—库仑破坏理论。

3. 土的极限平衡条件

为了建立实用的土体极限平衡条件，将代表土体某点应力状态的莫尔应力圆和土体的抗剪强度与法向应力关系曲线画在同一个直角坐标系中，如图 3-7 所示，这样，就可以判断土体在这一点上是否达到极限平衡状态。将两者进行比较，它们之间的关系

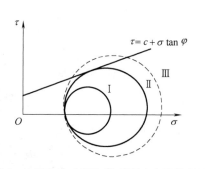

图 3-7　莫尔应力圆与抗剪强度之间的关系

有以下三种情况。

(1) 应力圆与强度线相离(圆Ⅰ),整个莫尔圆位于抗剪强度包线的下方,即 $\tau < \tau_f$,说明该点在任何平面上的剪应力都小于土所能发挥的抗剪强度,因此不会发生剪切破坏,该点处于弹性平衡状态。

(2) 应力圆与强度线相切(圆Ⅱ),切点所代表的平面上的剪应力正好等于土的抗剪强度,即 $\tau = \tau_f$,该点处于极限平衡状态。

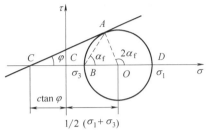

(3) 应力圆与强度线相割(圆Ⅲ),说明库仑线上方一段圆弧所代表的各截面的剪应力均大于抗剪强度,即 $\tau > \tau_f$,该点处于破坏状态。实际上,这种情况是不能存在的,因为该点任何方向上的剪应力都不能超过土的抗剪强度。

图 3-8　土的极限平衡条件

圆Ⅱ称为极限应力圆,根据极限应力圆与抗剪强度包线相切的几何关系,如图 3-8 所示,可建立以 σ_1、σ_3 表示的土中一点处于剪切破坏的条件,即极限平衡条件。

对于无黏性土的极限平衡条件:

$$\sigma_1 = \sigma_3 \tan^2\left(45° + \frac{\varphi}{2}\right) \tag{3.8}$$

$$\sigma_3 = \sigma_1 \tan^2\left(45° - \frac{\varphi}{2}\right) \tag{3.9}$$

对于黏性土的极限平衡条件:

$$\sigma_1 = \sigma_3 \tan^2\left(45° + \frac{\varphi}{2}\right) + 2c\tan\left(45° + \frac{\varphi}{2}\right) \tag{3.10}$$

$$\sigma_3 = \sigma_1 \tan^2\left(45° - \frac{\varphi}{2}\right) - 2c\tan\left(45° - \frac{\varphi}{2}\right) \tag{3.11}$$

3.2　地基承载力

3.2.1　地基的常见破坏形式

地基承载力问题是土力学中的一个重要研究课题,其目的是掌握地基的承载规律,发挥地基的承载能力,合理确定地基承载力,确保地基不致因荷载作用而发生剪切破坏,产生过大变形而影响建筑物或土木工程建筑物的正常使用。为此,地基基础设计一般都限制基底压力最大不超过地基容(允)许承载力或地基承载力特征值(设计值)。

建筑物地基设计时应考虑以下三种功能要求。

(1) 在长期荷载作用下,地基变形不致造成承重

地基破坏的
案例.docx

音频　承载力特征值
的规定.mp3

结构的损坏。

(2) 在最不利荷载作用下，地基不出现失稳现象。

(3) 具有足够的耐久性能。

大量的工程实践和试验研究表明，地基的破坏主要是由于地基土的抗剪强度不够，土体产生剪切破坏所致。地基土的剪切破坏有三种破坏模式：整体剪切破坏、局部剪切破坏和冲切破坏。

1) 整体剪切破坏

整体剪切破坏的特征是随着荷载的增加，基础下塑性区发展到地面，形成连续滑动面，两侧挤出并明显隆起；描述整体破坏模式的荷载—沉降曲线($p-s$ 曲线)的典型特征是具备明显的转折点。地基整体剪切破坏有压密阶段(直线 Oa 段)、剪切阶段(曲线 ab 段)和破坏阶段(曲线 bc 段)三个发展阶段，如图 3-9 所示。直线阶段终点的对应荷载 p_{cr} 称为比例界限。剪切阶段终点的对应荷载 p_u 称为极限荷载。密砂和坚硬黏土中最有可能发生整体剪切破坏。

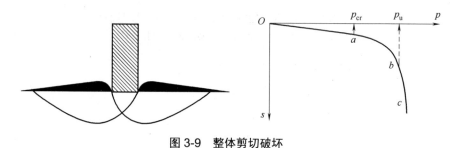

图 3-9　整体剪切破坏

2) 局部剪切破坏

局部剪切破坏的特征是随着荷载的增加，基础下塑性区仅发展到地基某一范围内，土中滑动面并不延伸到地面，基础两侧地面微微隆起，没有出现明显的裂缝；描述局部剪切破坏模式的 $p-s$ 曲线以变形为主要特征，直线段范围较小，一般没有明显的转折点，如图 3-10 所示。中等密实砂土、松砂、软黏土都可能发生局部剪切破坏。

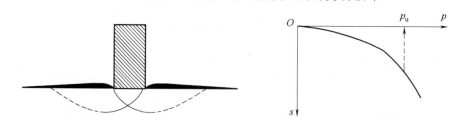

图 3-10　局部剪切破坏

3) 冲切破坏

冲切破坏又称刺入剪切破坏，其特征是随着荷载的增加，基础下土层发生压缩变形，基础随之下沉，当荷载继续增加，基础周围附近土体将发生竖向剪切破坏，使基础刺入土中，而基础两边的土体并没有明显移动；描述冲切破坏的 $p-s$ 曲线具有典型的变形特征，没有转折点，如图 3-11 所示。压缩性较大的松砂、软土地基或基础埋深较大时可能发生冲切破坏。

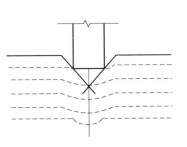
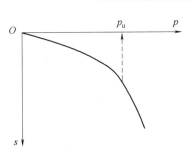

图 3-11 冲切破坏

地基破坏模式的形成与地基土条件、基础条件、加荷方式等因素有关，是这些因素综合作用的结果，对于一个具体工程可能会发生哪一种破坏，需综合考虑各方面的因素。一般来说，密实砂土和坚硬黏土将出现整体剪切破坏；而压缩性比较大的松砂和软黏土，将可能出现局部剪切或冲切破坏。当基础埋深较浅、荷载为缓慢施工的恒荷载时，将趋向发生整体剪切破坏；当基础埋深较大，荷载为快速施加的或者冲击荷载时，则可能形成局部剪切或冲切破坏。实际工程中，浅基础(包括独立基础、条形基础、筏形基础、箱形基础等)的地基一般为较好的土层，荷载也是根据施工缓慢施加的，所以工程中的地基破坏一般为整体剪切破坏。

3.2.2 地基承载力的确定

由于外部荷载的施加，土中应力增加，若某点沿某方向的剪应力达到土的抗剪强度，该点即处于极限平衡状态，即破坏状态。随着外部荷载的不断增大，土体内部存在多个破坏点，若这些点连成一片，就形成了破坏面，使坐落在其上的建筑物发生急剧沉降、倾斜，失去使用功能，这种状态就称为地基土丧失承载能力或称为地基土失稳。地基土所能提供的最大承受荷载的能力称为地基极限承载力。

地基承载力的确定在地基基础设计中是一个非常重要而又十分复杂的问题，它不仅与土的物理、力学性质有关，而且还与基础的埋置深度、基础底面宽度等因素有关。《建筑地基基础设计规范》指出：地基承载力特征值可由载荷试验或其他原位测试、公式计算，并结合工程实践经验等方法综合确定。下面简要介绍地基承载力的确定方法。

1. 原位平板载荷试验确定地基承载力

载荷试验包括浅层平板载荷试验和深层平板载荷试验，是确定岩土承载力的主要方法。浅层平板载荷试验适用于浅层地基，深层平板载荷试验适用于深层地基。本节仅介绍浅层平板载荷试验。

地基土浅层平板载荷试验可用于确定浅部地基土层的承压板下应力主要影响范围内的承载力和变形参数。在现场有代表性的地点开挖试坑，坑内竖立试验装置，如图 3-12 所示。承压板面积不应小于 $0.25m^2$，对于软土不应小于 $0.5m^2$。试验基坑宽度不应小于承压板宽度或直径的 3 倍，基坑深度一般与基础埋置深度相同，并应保持试验土层的原状结构和天然湿度。宜在拟试压表面用粗砂或中砂层找平，其厚度不超过20mm。

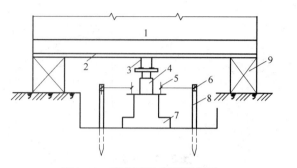

基坑.mp4

图 3-12　载荷试验装置示意图

1—堆载；2、3—钢梁；4—千斤顶；5—百分表；6—基准量；7—承压板；8—基准桩；9—支墩

试验时荷载由千斤顶经承压板传至地基，荷载应分级增加，且不应少于 8 级。最大加载量不小于设计要求的两倍。每级加载后，按间隔 10min、10min、10min、15min、15min、以后为每隔半小时测读一次沉降量，当在连续 2h 内，每小时的沉降量小于 0.1mm 时，则认为已趋稳定，可加下一级荷载。

当出现下列情况之一时，即可终止加载。

(1) 承压板周围的土明显地侧向挤出。

(2) 沉降 s 急骤增大，荷载—沉降($p-s$)曲线出现陡降段。

(3) 在某一级荷载下，24h 内沉降速率不能达到稳定。

(4) 沉降量与承压板宽度或直径之比大于或等于 0.06。

当满足前三种情况之一时，其对应的前一级荷载定为极限荷载。

根据试验成果，可绘制压力与地基沉降的 $p-s$ 关系曲线，如图 3-13 所示。

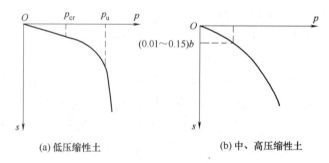

图 3-13　载荷试验确定承载力

《建筑地基基础设计规范》指出，承载力特征值的确定应符合下列规定。

(1) 当 $p-s$ 曲线上有比例界限时，取该比例界限所对应的荷载值。

(2) 当极限荷载小于对应比例界限的荷载值的两倍时，取极限荷载值的一半。

(3) 当不能按上述两款要求确定时，如承压板面积为 0.25～0.5m²，可取 s/b=0.01～0.015 所对应的荷载，但其值不应大于最大加载量的一半。

同一土层参加统计的试验点不应少于 3 点，当试验实测值的极差不超过其平均值的 30% 时，取此平均值作为该土层的地基承载力特征值 f_{ak}。

对于密实砂、硬塑黏土等低压缩性土，其 $p-s$ 曲线通常有比较明显的起始直线段和极限值，如图 3-13(a)所示。考虑到低压缩性土的承载力特征值一般由强度安全控制，故《建筑地基基础设计规范》规定取其比例界限荷载 p_{cr} 作为承载力特征值。此时，基础的沉降量很小，为一般建筑物所允许，并且从 p_{cr} 发展到破坏还有很长的过程，强度安全储备也绰绰有余。但是对于少数呈"脆性"破坏的土， p_{cr} 与极限荷载 p_u 较接近，当 $p_u < 2p_{cr}$ 时，《建筑地基基础设计规范》取 $p_u/2$ 作为承载力特征值。

对于有一定强度的松砂、可塑黏土等中、高压缩性土， $p-s$ 曲线无明显转折点，如图 3-13(b)所示。其承载力往往受允许沉降量的限制，故应当从沉降的观点来考虑。由于沉降量与基础(或承压板)的底面尺寸等因素有关，《建筑地基基础设计规范》总结了许多实测资料后规定：当承压板面积为 $0.25 \sim 0.5 \text{m}^2$ 时，以 $p-s$ 曲线上的沉降量 s 等于 $(0.01 \sim 0.015)b$ (b 为承压板的宽度)时的压力作为承载力特征值，并规定其值不应大于最大加载量的一半。

2. 理论公式计算法确定地基承载力

地基承载力有多种理论公式，这里仅介绍《建筑地基基础设计规范》推荐的公式。

对于竖向荷载偏心不大的基础来说，当偏心距 e 小于或等于 0.033 倍基础底面宽度时(即 $e \leqslant \dfrac{b}{30}$， b 为偏心方向的基础底面尺寸)，根据土的抗剪强度指标标准值确定地基承载力特征值可按下式计算，并应满足变形要求，即

$$f_a = M_b \gamma b + M_d \gamma_m d + M_c c_k \tag{3.12}$$

式中： f_a ——由土的抗剪强度指标确定的地基承载力特征值；

M_b、 M_d、 M_c ——承载力系数，按表 3-1 确定；

表 3-1 承载力系数 M_b、 M_d、 M_c

土的内摩擦角标准值 $\varphi_k(°)$	M_b	M_d	M_c	土的内摩擦角标准值 $\varphi_k(°)$	M_b	M_d	M_c
0	0	1.00	3.14	22	0.61	3.44	6.04
2	0.03	1.12	3.32	24	0.80	3.87	6.45
4	0.06	1.25	3.51	26	1.10	4.37	6.90
6	0.10	1.39	3.71	28	1.40	4.93	7.40
8	0.14	1.55	3.93	30	1.90	5.59	7.95
10	0.18	1.73	4.17	32	2.60	6.35	8.55
12	0.23	1.94	4.42	34	3.40	7.21	9.22
14	0.29	2.17	4.69	36	4.20	8.25	9.97
16	0.36	2.43	5.00	38	5.00	9.44	10.80
18	0.43	2.72	5.31	40	5.80	10.84	11.73
20	0.51	3.06	5.66				

注： φ_k ——基底下一倍短边宽深度内土的内摩擦角标准值。

b ——基础底面宽度，大于 6m 时按 6m 取值，对于砂土小于 3m 时按 3m 取值；

c_k ——基底下一倍短边宽度的深度内土的黏聚力标准值， kPa ；

γ ——基础底面以下土的重度，kN/m³，地下水位以下取有效重度；

d ——基础埋置深度，m；

γ_{m} ——基础底面以上土的加权平均重度，kN/m³，地下水位以下取有效重度。

3. 地基承载力特征值的修正

地基承载力除了与土的性质有关外，还与基础底面尺寸及埋置深度等因素有关。当基础宽度大于 3m 或埋置深度大于 0.5m 时，用载荷试验或其他原位测试、经验值等方法确定的地基承载力特征值，应按下式修正：

$$f_{\mathrm{a}} = f_{\mathrm{ak}} + \eta_{\mathrm{b}}\gamma(b-3) + \eta_{\mathrm{d}}\gamma_{\mathrm{m}}(d-0.5) \tag{3.13}$$

式中：f_{a} ——修正后的地基承载力特征值，kPa；

f_{ak} ——地基承载力特征值，kPa；

η_{b}、η_{d} ——基础宽度和埋深的地基承载力修正系数，按基底下土的类别查表 3-2 取值；

γ ——基础底面以下土的重度，kN/m³，地下水位以下取有效重度；

b ——基础底面宽度，m，当基宽小于 3m 时按 3m 取值，大于 6m 时按 6m 取值；

γ_{m} ——基础底面以上土的加权平均重度，kN/m³，地下水位以下取有效重度；

d ——基础埋置深度，m，一般自室外地面标高算起。在填方整平地区，可自填土地面标高算起，但填土在上部结构施工后完成时，应从天然地面标高算起。对于地下室，如采用箱形基础或筏基时，基础埋置深度自室外地面标高算起；当采用独立基础或条形基础时，应从室内地面标高算起。

表 3-2 承载力修正系数

土的类型		η_{b}	η_{d}
淤泥和淤泥质土		0	1.0
人工填土 e 或 I_{L} 大于等于 0.85 的黏性土		0	1.0
红黏土	含水比 $\alpha_{\mathrm{w}} > 0.8$	0	1.2
	含水比 $\alpha_{\mathrm{w}} \leqslant 0.8$	0.15	1.4
大面积压实填土	压实系数大于 0.95，黏粒含量 $\rho_{\mathrm{c}} \geqslant 10\%$ 的粉土	0	1.5
	最大干密度大于 2100kg/m³ 的级配砂石	0	2.0
粉土	黏粒含量 $\rho_{\mathrm{c}} \geqslant 10\%$ 的粉土	0.3	1.5
	黏粒含量 $\rho_{\mathrm{c}} < 10\%$ 的粉土	0.5	2.0
e 及 I_{L} 均小于 0.85 的黏性土		0.3	1.6
粉砂、细砂(不包括很湿与饱和时的稍密状态)		2.0	3.0
中砂、粗砂、砾砂和碎石土		3.0	4.4

注：1. 强风化和全风化的岩石，可参照所风化成的相应土类取值，其他状态下的岩石不修正。

2. 地基承载力特征值按深层平板载荷试验确定时 η_{d} 取 0。

3. 含水比是指土的天然含水率与液限的比值。

4. 大面积压实填土是指填土范围大于两倍基础宽度的填土。

本章小结

本章讲述了土的抗剪强度、地基承载力等相关知识，对所涉及的技术术语的含义要有明确的了解和深刻的记忆。主要内容如下。

土的抗剪强度：土的抗剪强度的概念、直接剪切试验、三轴压缩试验和土的极限平衡条件。

地基承载力：地基的常见破坏形式、地基承载力的确定。

实训练习

一、单选题

1. 若代表土中某点应力状态的莫尔应力圆与抗剪强度包线相切，则表明土中该点（　　）。

    A. 任一平面上的剪应力都小于土的抗剪强度

    B. 某一平面上的剪应力超过了土的抗剪强度

    C. 在相切点所代表的平面上，剪应力正好等于抗剪强度

    D. 在最大剪应力作用面上，剪应力正好等于抗剪强度

2. 下列说法中正确的是（　　）。

    A. 土的抗剪强度与该面上的总正应力成正比

    B. 土的抗剪强度与该面上的有效正应力成正比

    C. 剪切破裂面发生在最大剪应力作用面上

    D. 破裂面与小主应力作用面的夹角为 $45° + \dfrac{\varphi}{2}$

3. （　　）是在现场原位进行的。

    A. 直接剪切试验　　　　　　　　　　B. 无侧限抗压强度试验

    C. 十字板剪切试验　　　　　　　　　D. 三轴压缩试验

4. 下面说法中，正确的是（　　）。

    A. 当抗剪强度包线与莫尔应力圆相离时，土体处于极限平衡状态

    B. 当抗剪强度包线与莫尔应力圆相切时，土体处于弹性平衡状态

    C. 当抗剪强度包线与莫尔应力圆相割时，说明土体中某些平面上的剪应力超过了相应面的抗剪强度

    D. 当抗剪强度包线与莫尔应力圆相离时，土体处于剪坏状态

5. 饱和黏性土的抗剪强度指标（　　）。

    A. 与排水条件无关　　　　　　　　　B. 与排水条件有关

    C. 与土中孔隙水压力的变化无关　　　D. 与试验时的剪切速率无关

二、填空题

1. 土体抵抗剪切破坏的极限能力称为土的( )。

2. 土的抗剪强度试验按照试验进行的场所，可分为( )和( )两大类。第一类常用的有( )、( )和( )；第二类有( )。

3. 根据三轴压缩试验过程中试样的固结条件与孔隙水压力的消散情况，可分为三种试验方法，即( )、( )和( )。

4. 地基土的剪切破坏有三种破坏模式：( )、( )和( )。

5. 地基土所能提供的最大承受荷载的能力称为( )。

三、简答题

1. 何谓莫尔—库仑强度理论？库仑公式的物理概念是什么？

2. 确定地基容许承载力的方法有哪些？各有何特点？

3. 何谓莫尔应力圆？如何绘制莫尔应力圆？

4. 在外荷载作用下，土体中发生剪切破坏的平面在何处？

5. 什么是地基的极限荷载？

第 3 章习题答案.doc

实训工作单 1

班级		姓名		日期	
教学项目		直接剪切试验			
任务	测定土的抗剪强度参数		试验仪器	等应变直剪仪、量力环、百分表、环刀等	
相关知识	土的抗剪强度参数：内摩擦角 φ 和黏聚力 c 。				
其他项目					
现场过程记录					
评语			指导教师		

实训工作单 2

班级		姓名		日期	
教学项目		三轴剪切试验			
任务	测定土体抗剪强度			试验仪器	三轴剪力仪
相关知识	三轴剪切试验是用来测定试件在某一恒定周围压力下的抗剪强度，然后根据三个以上试件，在不同周围压力下所测得的抗剪强度，利用莫尔—库仑破坏理论确定土的抗剪强度参数。				
其他项目					

现场过程记录

评语				指导教师	

第4章　土压力与边坡稳定

【教学目标】

1. 掌握土压力的分类。
2. 熟练计算静止土压力、主动土压力、被动土压力。
3. 熟记朗肯土压力、库仑土压力理论。
4. 掌握土坡稳定性验算方法。

第4章土压力与边坡稳定.pptx

【教学要求】

本章要点	掌握层次	相关知识点
概述	1. 了解挡土墙的用途及类型 2. 掌握土压力的分类	1. 静止土压力 2. 主动土压力 3. 被动土压力
土压力的计算和理论	1. 熟练计算静止土压力 2. 熟练计算主动土压力、被动土压力 3. 熟记朗肯土压力、库仑土压力理论	1. 朗肯土压力的假设条件 2. 库仑土压力的假设条件
边坡稳定分析	1. 了解边坡稳定的意义 2. 了解边坡稳定的影响因素 3. 掌握无黏性土土坡稳定性验算 4. 掌握黏性土土坡稳定性验算	1. 边坡稳定的意义 2. 边坡稳定的影响因素 3. 土坡稳定性验算 4. 圆弧条分法
基坑支护	1. 了解基坑工程设计内容 2. 掌握支护结构水平荷载计算	1. 水土分算 2. 水土合算

【案例导入】

　　某市拟建工程为一整体式建筑，包括主楼综合楼(17F)、裙楼社区服务中心(3F)，在整个拟建范围内有3层地下车库，四周形成高度约为14m的基坑边坡，其中东南侧基坑边坡为顺向坡，西北侧边坡为反向坡，其余两侧边坡为切向坡；拟建场地位于背斜一翼，岩层单斜产出，岩层层面结合很差，局部有泥化夹层，场地内地层为杂填土、粉质黏土、侏罗系沙溪庙组泥岩、粉砂岩与砂岩。

施工过程中，该综合大楼东南侧基坑边坡发生滑塌失稳，滑塌区位于边坡中部，范围纵长约10m，宽约10m，高度约9.5m，滑塌体积约900m³。造成坡顶人行横道与路面滑塌破坏，地下管网断裂，支护结构垮塌，造成道路中断及水、电、气、污水管、通信等管网中断。另外，后部及两侧变形在进一步延伸，裂缝已经延展的范围长约55m，宽13～15m。

土压力与边坡
稳定.mp4

【问题导入】

结合本章内容，试分析事故发生的原因。

4.1 概　述

4.1.1 挡土墙的用途及类型

挡土墙是一种用于支挡天然或人工边坡以保持其稳定、防止坍塌的结构物，在土木、水利、交通等工程中得到广泛的应用。如图 4-1 所示，为几种典型的挡土墙应用类型。从图中可以看出，无论哪种形式的挡土墙，都要承受来自墙后土体的侧向压力——土压力。土压力是挡土墙的主要外荷载，土压力的性质、大小、方向和作用点的确定，是设计挡土墙断面及验算其稳定性的主要依据。

挡土墙.mp4

挡土墙应用
举例.docx

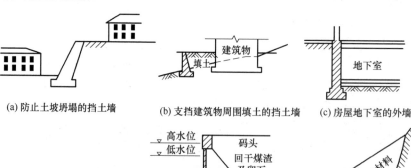

(a) 防止土坡坍塌的挡土墙　　(b) 支挡建筑物周围填土的挡土墙　　(c) 房屋地下室的外墙

(d) 江河岸边桥的边墩

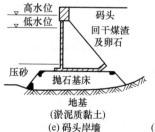

(e) 码头岸墙

(f) 堆放煤、卵石等散粒材料的挡墙

图 4-1　挡土墙应用举例

挡土墙在工业与民用建筑、水利水电工程、铁道、公路、桥梁、港口及航道等各类建筑工程中被广泛地应用。例如，山区和丘陵地区，在土坡上、下修筑房屋时，防止土坡坍塌的挡土墙，如图 4-1(a)所示；支挡建筑物周围填土的挡土墙，如图 4-1(b)所示；房屋地下室的外墙，如图 4-1(c)所示；江河岸边桥的边墩，如图 4-1(d)所示；码头岸墙，如图 4-1(e)所示；堆放煤、卵石等散粒材料的挡墙，如图 4-1(f)所示；等等。

4.1.2 土压力的种类

在实验室里通过挡土墙的模型试验，可以测得当挡土墙产生不同方向的位移时，将产生 3 种不同性质的土压力。在一个长方形的模型槽中部插上一块刚性挡板，在板的一侧安装压力盒，填上土，板的另一侧临空。在挡板静止不动时，测得板上的土压力为 p_0。如将挡板向离开填土的临空方向移动或转动时，测得的土压力数值减小为 p_a。反之，若将挡板推向填土方向，则土压力逐渐增大，当墙后土体发生滑动时达最大值 p_p。土压力随挡土墙移动而变化的情况如图 4-2 所示。

土压力的类型.docx

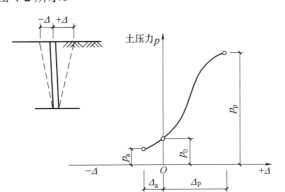

音频 土压力的

种类.mp3

图 4-2 墙身位移和土压力的关系

按挡土墙的位移情况和墙后土体所处的应力状态，可将土压力分为静止土压力、主动土压力和被动土压力。

1) 静止土压力

当挡土墙静止不动时，墙后土体处于弹性平衡状态，如图 4-3(a)所示。此时墙后土体作用在墙背上的土压力称为静止土压力，以 p_0 表示。

2) 主动土压力

当挡土墙在墙后土体的推力作用下向前移动时，随着这种位移的增大，作用在挡土墙上的土压力将从静止土压力逐渐减小。当墙后土体达到主动极限平衡状态时，作用在挡土墙上的土压力称为主动土压力，以 p_a 表示，如图 4-3(b)所示。

3) 被动土压力

当挡土墙在外力作用下向后移动推向填土时，则填土受墙的挤压使作用在墙背上的土压力增大。当墙后土体达到被动极限平衡状态时，作用在挡土墙上的土压力称为被动土压力，以 p_p 表示，如图 4-3(c)所示。

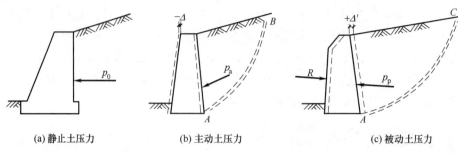

(a) 静止土压力　　　　(b) 主动土压力　　　　(c) 被动土压力

图 4-3　挡土墙上的 3 种土压力

4.2　土压力的计算和理论

4.2.1　静止土压力的计算

当挡土墙静止不动，即挡土墙完全没有侧向位移、偏转和自身弯曲变形时，作用在其上的土压力即为静止土压力，岩石地基上的重力式挡土墙、地下室外墙、地下水池侧壁、涵洞的侧壁及其他不产生位移的挡土构筑物均可按静止土压力计算。静止土压力可按以下所述方法计算。

在墙背填土表面下任意深度 z 处取一单元体，如图 4-4 所示，其上作用着竖向的土自重应力 γz，则该点的静止土压力强度可按下式计算：

$$p_0 = K_0 \gamma z \qquad (4.1)$$

式中：p_0——静止土压力强度，kPa；

　　　K_0——静止土压力系数；

　　　γ——墙背填土的重度，kN/m³。

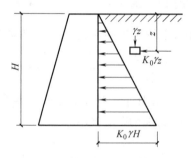

图 4-4　静止土压力计算图

土的静止土压力系数 K_0 可以在室内用三轴仪测定，在原位则可用自钻式旁压仪测试得到。也可以采用下列方法确定。

(1) 经验值：砂土　　　　　$K_0 = 0.34 \sim 0.45$；

　　　　　　黏性土　　　　　$K_0 = 0.5 \sim 0.7$

(2) 半经验公式：　　　　　　　$K_0 = 1 - \sin \varphi'$ 　　　　　　(4.2)

式中，φ' 为土的有效内摩擦角，°。

由式(4.1)可知，静止土压力沿墙高呈三角形分布，如图 4-4 所示。如果取单位墙长，则作用在墙上的静止土压力为

$$p_0 = \frac{1}{2}\gamma H^2 K_0 \qquad (4.3)$$

式中，H 为挡土墙高度，m。

4.2.2　朗肯土压力理论

朗肯于 1857 年研究了半无限土体在自重作用下，处于极限平衡状态的应力条件，推导出土压力计算公式，即著名的朗肯土压力理论。

朗肯理论假设条件：表面水平的半无限土体，处于极限平衡状态。若将垂线 $\overline{AB}$ 左侧的土体，换成虚设的墙背竖直光滑的挡土墙，如图 4-5 所示。当挡土墙发生足够大的偏移，离开 AB 线的水平方向位移时，墙后土体处于主动极限平衡状态，则作用在此挡土墙上的土压力，等于原来土体作用在 $\overline{AB}$ 竖直线上的水平法向应力。

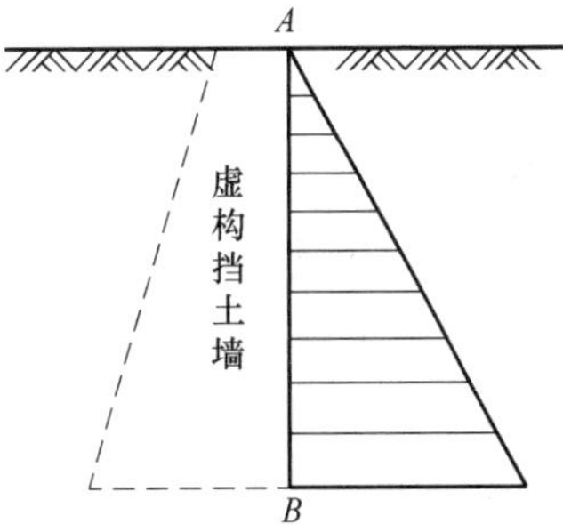

朗肯理论适用条件如下。

(1) 挡土墙的墙背竖直、光滑。

(2) 挡土墙后填土表面水平。

无黏性土的土压力如下。

1) 主动土压力

(1) 无黏性土土压力计算如下。

由无黏性土的极限平衡条件公式(3.9)：

$$\sigma_3 = \sigma_1 \tan^2\left(45° - \frac{\varphi}{2}\right)$$

可得无黏性土的主动土压力计算公式：

$$p_a = \gamma z K_a \qquad (4.4)$$

式中：p_a——主动土压力，kPa；

K_a——主动土压力系数，$K_a = \tan^2\left(45° - \frac{\varphi}{2}\right)$；

σ_1——大主应力 $\sigma_1 = \sigma_z = \gamma z$，土的自重应力，kPa；

γ——墙后填土的重度，kN/m³；

z——计算点离填土表面的深度，m。

由公式(4.4) $p_a = \gamma z K_a$ 可知，φ 已知，K_a 为常数，γ 为常数，$p_0 = f(z)$。当 $z = 0$ 时，$p_0 = 0$，当墙底 $z = H$ 时，$p_a = K_a \gamma H$，故主动土压力呈三角形分布，如图 4-6(b)所示。

总主动土压力，取挡土墙长度方向 1 延米计算，为土压力三角形分布图的面积，即

$$E_a = \frac{1}{2}\gamma H^2 K_a \qquad (4.5)$$

图 4-5　朗肯假设

总主动土压力作用点为土压力分布三角形的重心，距墙底 $H/3$ 处，如图 4-6(b)所示。

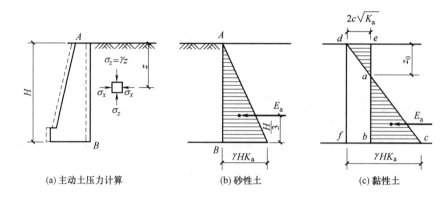

(a) 主动土压力计算　　　(b) 砂性土　　　(c) 黏性土

图 4-6　主动土压力分布图

(2) 黏性土土压力计算如下。

黏性土的抗剪强度 $T_f = c + \sigma \tan \varphi$，达到主动极限平衡状态时，$\sigma_1$ 与 σ_3 的关系应满足式 (3.11)平衡条件式，将 $\sigma_3 = p_a$，$\sigma_1 = \gamma z$ 代入上式得：

$$p_a = \gamma z \tan^2\left(45° - \frac{\varphi}{2}\right) - 2c \tan\left(45° - \frac{\varphi}{2}\right) = K_a \gamma z - 2c\sqrt{K_a} \tag{4.6}$$

在深度 z_0 处土压力为零，z_0 以下，土压力强度按三角形分布，z_0 的位置可由式(4-6)中 $p_a = 0$ 的条件求得：

$$K_a \gamma z_0 - 2c\sqrt{K_a} = 0$$

$$z_0 = \frac{2c}{\gamma \sqrt{K_a}} \tag{4.7}$$

总主动压力 E_a 为三角形面积，即

$$E_a = \frac{1}{2} K_a \gamma (H - z_0)^2 = \frac{1}{2} K_a \gamma H^2 - 2\sqrt{K_a}\, cH + \frac{2c^2}{\gamma}$$

E_a 作用点则位于墙底以上 $\frac{1}{3}(H - z_0)$ 处。

2) 被动土压力

(1) 无黏性土土压力计算如下。

由无黏性土的极限平衡条件公式(3.8)：

$$\sigma_1 = \sigma_3 \tan^2\left(45° + \frac{\varphi}{2}\right)$$

可得被动土压力计算公式：

$$p_p = \gamma z K_p \tag{4.8}$$

式中：p_p——无黏性土被动土压力，kPa；

K_p——被动土压力系数，$K_p = \tan^2\left(45° + \frac{\varphi}{2}\right)$。

由公式(4.8) $p_p = \gamma z K_p$ 可知：φ 为已知，K_p 为常数，γ 为常数。当 $z = 0$ 时，$p_p = 0$；当 $z = H$ 时，$p_p = K_p \gamma H$，故被动土压力呈三角形分布，如图 4-7(b)所示。

总被动土压力计算，取挡土墙长度方向 1 延米，土压力三角形分布图的面积为

$$p_p = \frac{1}{2} \gamma H^2 K_p \tag{4.9}$$

总被动土压力作用点，位于土压力三角形分布图形的重心，距墙底为 $H/3$ 处，如图 4-7(b)所示。

(2) 黏性土土压力计算如下。

将 $p_p = \sigma_1$，$\gamma z = \sigma_3$ 代入平衡条件式(3.10)，可得黏性填土作用于墙背上的被动土压力强度 p_p

$$p_p = \gamma z \tan^2\left(45° + \frac{\varphi}{2}\right) + 2c \tan\left(45° + \frac{\varphi}{2}\right) = K_p \gamma z + 2c\sqrt{K_p} \tag{4.10}$$

由式(4.10)可知黏性填土被动土压力由两部分组成，一部分为土的摩擦阻力，另一部分为土的黏聚阻力。叠加后，其压力强度 p_p 沿墙高呈梯形分布，如图 4-7(c)所示。总被动土压力为

$$E_p = \frac{1}{2} K_p \gamma H^2 + 2cH\sqrt{K_p} \tag{4.11}$$

E_p 的作用方向垂直于墙背，作用点位于梯形面积形心上。

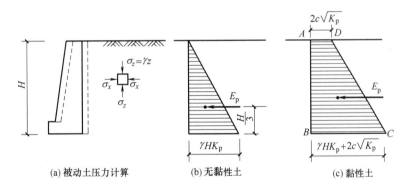

(a) 被动土压力计算　　(b) 无黏性土　　(c) 黏性土

图 4-7　被动土压力分布图

【案例 4-1】

某挡土墙墙高 $h = 5\text{m}$，墙背竖直光滑，墙后填土表面水平。填土重度 $\gamma = 17\text{kN/m}^3$，内摩擦角 $\varphi = 20°$，黏聚力 $c = 8\text{kPa}$。

问题：

结合所学知识，用朗肯土压力理论计算墙后主动土压力及其作用点位置，并绘出土压力强度分布图。

4.2.3 库仑土压力理论

库仑理论的基本假定：

(1) 挡土墙向前移动。

(2) 墙后填土沿墙背 $\overline{AB}$ 和填土中某一平面 $\overline{BC}$ 同时下滑，形成滑动楔体 $\triangle ABC$；

(3) 土楔体 $\triangle ABC$ 处于极限平衡状态，不计本身压缩变形。

(4) 楔体 $\triangle ABC$ 对墙背的推力即主动土压力 P_a，如图 4-8 所示。

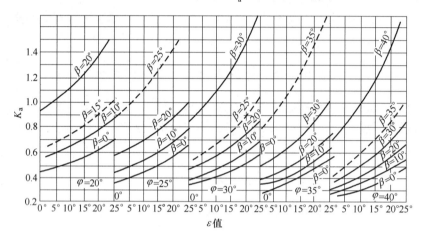

图 4-8 库仑主动土压力系数 $K_a (\delta = 2\varphi / 3)$

1. 无黏性土主动土压力

(1) 计算公式：

$$p_a = \frac{1}{2}\gamma H^2 \frac{\cos^2(\varphi - \varepsilon)}{\cos^2 \varepsilon \cos(\delta + \varepsilon)\left[1 + \sqrt{\dfrac{\sin(\delta + \varphi)\sin(\varphi - \beta)}{\cos(\delta + \varepsilon)\cos(\varepsilon - \beta)}}\right]^2} = \frac{1}{2}\gamma H^2 K_a \qquad (4.12)$$

式中，K_a 为主动土压力系数。

$$K_a = \frac{\cos^2(\varphi - \varepsilon)}{\cos^2 \varepsilon \cos(\delta + \varepsilon)\left[1 + \sqrt{\dfrac{\sin(\delta + \varphi)\sin(\varphi - \beta)}{\cos(\delta + \varepsilon)\cos(\varepsilon - \beta)}}\right]^2} \qquad (4.13)$$

公式(4.12)与朗肯土压力理论公式(4.5)形式完全相同，但主动土压力系数公式不同。

(2) 主动土压力系数：$K_a = f(\varphi, \varepsilon, \delta, \beta)$，可查相应的图表使计算简便，如表 4-1～表 4-3 和图 4-8 所示。

(3) 主动土压力分布。

主动土压力分布呈三角形，如图 4-9 所示。

表 4-1　主动土压力系数 K_a 与 δ ，φ 的关系($\varepsilon = 0$ ，$\beta = 0$)

φ ＼ δ	10°	12.5°	15°	17.5°	20°	25°	30°	35°	40°
$\delta = 0$	0.71	0.64	0.59	0.53	0.49	0.41	0.33	0.27	0.22
$\delta = +\dfrac{\varphi}{2}$	0.67	0.61	0.55	0.48	0.45	0.38	0.32	0.26	0.22
$\delta = +\dfrac{2\varphi}{3}$	0.66	0.59	0.54	0.47	0.44	0.37	0.31	0.26	0.22
$\delta = \varphi$	0.65	0.58	0.53	0.47	0.44	0.37	0.31	0.26	0.22

表 4-2　主动土压力系数 $K_a \left(\delta = 0 \right)$

β ＼ ε ＼ φ		+30° (1：1.7)	+12° (1：4.7)	0°	−12°	−30°
$\varphi = 20°$	$\varepsilon = +20°$		0.81	0.65	0.57	
	$\varepsilon = +10°$		0.68	0.55	0.50	
	$\varepsilon = 0°$		0.60	0.49	0.44	
	$\varepsilon = -10°$		0.50	0.42	0.38	
	$\varepsilon = -20°$		0.40	0.35	0.32	
$\varphi = 30° - \beta$	$\varepsilon = +20°$	1.17	0.59	0.50	0.43	0.34
	$\varepsilon = +10°$	0.92	0.48	0.41	0.36	0.33
	$\varepsilon = 0°$	0.75	0.38	0.33	0.30	0.26
	$\varepsilon = -10°$	0.61	0.31	0.27	0.25	0.22
	$\varepsilon = -20°$	0.50	0.24	0.21	0.20	0.18
$\varphi = 40°$	$\varepsilon = +20°$	0.59	0.43	0.38	0.33	0.27
	$\varepsilon = +10°$	0.43	0.32	0.29	0.26	0.22
	$\varepsilon = 0°$	0.32	0.24	0.22	0.20	0.18
	$\varepsilon = -10°$	0.24	0.17	0.16	0.15	0.13
	$\varepsilon = -20°$	0.16	0.12	0.11	0.10	0.10

表 4-3　墙背摩擦角 δ

挡土墙背粗糙度及填土排水情况	δ
墙背平滑，排水不良	$0 \sim \dfrac{\varphi}{3}$
墙背粗糙，排水良好	$\dfrac{\varphi}{3} \sim \dfrac{\varphi}{2}$
墙背很粗糙，排水良好	$\dfrac{\varphi}{2} \sim \dfrac{2}{3}\varphi$

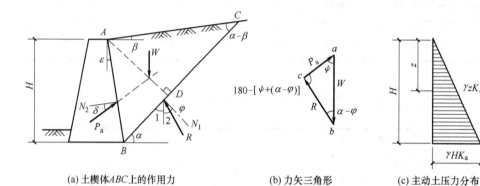

(a) 土楔体 ABC 上的作用力　　(b) 力矢三角形　　(c) 主动土压力分布

图 4-9　库仑主动土压力计算图

2. 无黏性土被动土压力

无黏性土被动土压力计算，如图 4-10 所示。

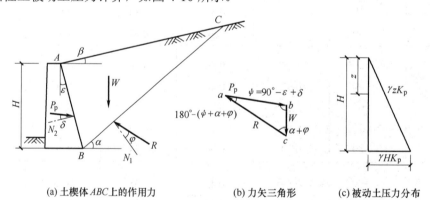

(a) 土楔体 ABC 上的作用力　　(b) 力矢三角形　　(c) 被动土压力分布

图 4-10　库仑被动土压力计算图

(1) 计算公式：

$$p_{\mathrm{p}} = \frac{1}{2}\gamma H^2 \frac{\cos^2\left(\varphi + \varepsilon\right)}{\cos^2\varepsilon \cos\left(\varepsilon - \delta\right)\left[1 - \sqrt{\dfrac{\sin\left(\varphi + \delta\right)\sin\left(\varphi + \beta\right)}{\cos\left(\varepsilon - \delta\right)\cos\left(\varepsilon - \beta\right)}}\right]^2} \tag{4.14}$$

令

$$K_p = \frac{\cos^2(\varphi+\varepsilon)}{\cos^2\varepsilon\cos(\varepsilon-\delta)\left[1-\sqrt{\dfrac{\sin(\varphi+\delta)\sin(\varphi+\beta)}{\cos(\varepsilon-\delta)\cos(\varepsilon-\beta)}}\right]^2} \tag{4.15}$$

则

$$p_p = \frac{1}{2}\gamma H^2 K_p \tag{4.16}$$

(2) 被动土压力分布。

库仑被动土压力分布呈三角形，如图 4-10(c)所示。

【案例 4-2】

某挡土墙墙高 $h=5\text{m}$，墙背倾斜角 $\alpha=70°$，填土面坡脚 $\beta=15°$，填土为砂土($c=0$)，$\gamma=18\text{kN/m}^3$，$\varphi=30°$，填土与墙背的摩擦角 $\delta=\dfrac{2}{3}\varphi$。

问题：

结合所学知识，用库仑土压力理论计算墙后主动土压力，并绘出土压力强度分布图。

4.3 边坡稳定分析

4.3.1 边坡稳定的意义

土坡可分为天然土坡和人工土坡，由于某些外界不利因素，土坡可能会发生局部土体滑动而失去稳定性，土坡的坍塌经常造成严重的工程事故，危及人身安全。因此土坡的稳定性分析，具有重要的实际意义。

滑坡是指土坡失去原有的稳定状态，沿某一滑动面顺坡而下的整体滑移现象。滑坡是土体内某一个面(滑动面)上的剪应力达到土体抗剪强度而引起的。起因有以下几种。

(1) 土坡作用力发生变化。例如，由于在坡顶堆放材料或建造建筑物时坡顶受荷，或由于打桩、车辆行驶、爆破、地震等引起的振动改变了原来的平衡状态。

(2) 土体抗剪强度的降低。例如，土体中含水率或孔隙水压力的增加引起抗剪强度降低。

(3) 静水压力的作用。例如，雨水或地面水流入土坡中的竖向裂缝，对土坡产生侧向压力，从而促进土坡的滑动。

土坡稳定性分析属于土力学中的稳定问题，也是工程中非常重要而实际的问题。

音频 边坡稳定的影响因素.mp3

常见的边坡稳定方法.docx

4.3.2 边坡稳定的影响因素

影响土坡稳定的因素有多种，包括土坡的边界条件、土质条件和外界条件等。

1）土坡坡度

土坡坡度有两种表示方法：一种以高度与水平尺度之比来表示。例如，1∶2 表示高度为1m，水平长度为2m的缓坡。另一种以坡角 θ 的大小来表示。坡角 θ 越小，土坡越稳定，但不经济。

2）土坡高度

土坡高度 H 是指坡脚至坡顶之间的铅直距离。土坡高度 H 越小，土坡越稳定。

3）土的性质

土的性质越好，土坡越稳定。例如，土的抗剪强度指标 c、φ 值大的土坡，比 c、φ 值小的土坡更安全。

4）气象条件

若天气晴朗，土坡处于干燥状态，土的强度高，土坡稳定性好；若在雨季，尤其是连续大暴雨，大量雨水渗入，使土的强度降低，可能会导致土坡滑动。

5）地下水的渗透

当土坡中存在与滑动方向一致的渗透力时，对土坡稳定不利。例如，水库土坝下游土坡就可能发生这种情况。

6）地震

发生地震时，会产生附加的地震荷载，降低土坡的稳定性。地震荷载还可能使土体中的孔压升高，降低土体的抗剪强度。

4.3.3 无黏性土土坡稳定分析

设一坡角为 β 的无黏性土土坡，土坡及地基为均质的同一种土，且不考虑渗流的影响。纯净的干砂，颗粒之间无黏聚力，其抗剪强度只由摩擦力提供。对于这类土坡，其稳定性条件可由图 4-11 所示的力系来说明。

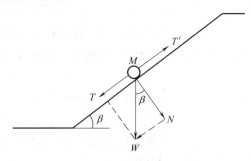

图 4-11　无黏性土土坡稳定分析

斜坡上的土颗粒 M，其自重为 W，砂土的内摩擦角为 φ。W 垂直于坡面和平行于坡面的分力分别为 N 和 T。

$$N = W\cos\beta$$
$$T = W\sin\beta$$

分力 T 将使土颗粒 M 向下滑动，为滑动力。阻止 M 下滑的抗滑力，则是由垂直于坡面上的分力 N 引起的最大静摩擦力 T'：

$$T' = N \tan\varphi = W \cos\beta \tan\varphi \tag{4.17}$$

抗滑力与滑动力的比值称为稳定安全系数 K，为

$$K = \frac{抗滑力}{滑动力} = \frac{N \tan\varphi}{T} = \frac{W \cos\beta \tan\varphi}{W \sin\beta} = \frac{\tan\varphi}{\tan\beta} \tag{4.18}$$

由式(4.17)可知，无黏性土土坡稳定的极限坡角 β 等于其内摩擦角，即当 $\beta = \varphi$ 时($K=1$)，土坡处于极限平衡状态。故砂土的内摩擦角也称为自然休止角。由上述的平衡关系还可以看出：无黏性土土坡的稳定性与坡高无关，仅取决于坡角 β，只要 $\beta < \varphi(K>1)$，土坡就是稳定的。为了保证土坡有足够的安全储备，可取 $K = 1.1 \sim 1.5$。

上述分析只适用于无黏性土土坡的最简单情况，即只有重力作用，且土的内摩擦角是常数。工程实际中只有均质干土坡才完全符合这些条件。对有渗透水流的土坡、部分浸水土坡以及高应力水平下 φ 角变小的土坡，则不完全符合这些条件。这些情况下的无黏性土坡稳定分析可参考有关书籍。

4.3.4　黏性土土坡稳定分析

黏性土土坡的滑动情况，如图 4-12 所示。土坡失稳前一般在坡顶产生张拉裂缝，继而沿着某一曲面产生整体滑动，同时伴随着变形。此外，滑动体沿纵向也为一定范围的曲面，为了简化，进行稳定性分析时往往假设滑动面为圆筒面，并按平面应变问题处理。

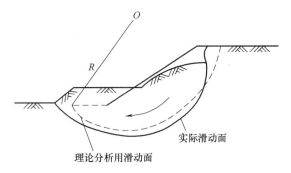

图 4-12　黏性土土坡的滑动面

黏性土土坡的稳定分析有许多方法，目前工程上最常用的是条分法。

条分法最先由瑞典工程师费兰纽斯提出，这个方法具有较普遍的意义，它不仅可以分析简单土坡，还可以用来分析非简单土坡，例如，土质不均匀的土坡、坡上或坡顶作用荷载的土坡等。

当土坡沿 $\overset{\frown}{AB}$ 圆弧滑动时，可视为土体 $\triangle ABD$ 绕圆心 O 转动，取土坡长度 1m 进行分析。

(1) 滑动力矩 M_T。由滑动土体 $\triangle ABD$ 的自重在滑动方向上的分力产生。

(2) 抗滑力矩 M_R。由滑动面 $\overset{\frown}{AB}$ 上的摩擦力和黏聚力产生。

(3) 土坡稳定安全系数 K，其取值

$$K = \frac{抗滑力矩}{滑动力矩} = \frac{M_R}{M_T} = 1.20 \sim 1.30 \qquad (4.19)$$

根据边坡工程的安全等级和计算方法确定。

(4) 试算法确定 K_{min}，由于上述滑动面 $\widehat{AB}$ 是任意选定的，不一定是最危险的真正滑动面。所以通过试算法，找出安全系数为最小值 K_{min} 的滑动面，才是真正的滑动面。取一系列圆心 O_1，O_2，O_3，…，和相应的半径 R_1，R_2，R_3，…，可计算出各自的安全系数 K_1，K_2，K_3，…，取其中最小值 K_{min} 对应的圆弧进行设计。

条分法的具体计算步骤如下。

(1) 选用坐标纸，按适当的比例尺绘制土坡剖面图，并在图上注明土的指标 γ，c，φ 的数值。

(2) 选一个可能的滑动面 ab，确定圆心 O 和半径 R。半径 R 可取整数，使计算简便。

(3) 将滑动土体竖向分条与编号，使计算方便而准确。分条时各条的宽度 b 相同，编号由坡脚向坡顶依次进行，如图 4-13 所示。

(4) 计算每一土条的自重 Q_i。

$$Q_i = \gamma b h_i \qquad (4.20)$$

式中：b——土条的宽度，m；

h_i——第 i 个土条的平均高度，m。

(5) 将土条的自重 Q_i 分解为作用在滑动面 AB 上的两个分力(忽略条块之间的作用力)。

法向应力 $\qquad\qquad\qquad N_i = Q_i \cos \alpha_i \qquad (4.21)$

切向分力 $\qquad\qquad\qquad T_i = Q_i \sin \alpha_i \qquad (4.22)$

其中，α_i 为法向分力 N_i 与垂线之间的夹角，如图 4-13 所示。

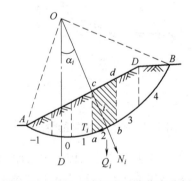

图 4-13　黏性土坡的圆弧法稳定分析

(6) 计算滑动力矩。

$$M_T = T_1 R + T_2 R + \cdots = R \sum_{i=1}^{n} Q_i \sin \alpha_i \qquad (4.23)$$

式中，n 为土条的数目。

(7) 计算抗滑力矩。

$$M_R = N_1 \tan\varphi R + N_2 \tan\varphi R + \cdots + cl_1 R + cl_2 R + \cdots$$
$$= R \tan\varphi (N_1 + N_2 + \cdots) + cR(l_1 + l_2 + \cdots) \tag{4.24}$$
$$= R \tan\varphi \sum_{i=1}^{n} Q_i \cos\alpha_i + cRL$$

式中：l_i——第 i 个土条的滑弧长度，m；

L——圆弧 $\overset{\frown}{AB}$ 的总长度，m。

(8) 计算土坡稳定安全系数。

$$K = \frac{M_R}{M_T} = \frac{R \tan\varphi \sum_{i=1}^{n} Q_i \cos\alpha_i + cRL}{R \sum_{i=1}^{n} Q_i \sin\alpha_i} = \frac{\tan\varphi \sum_{i=1}^{n} Q_i \cos\alpha_i + cL}{\sum_{i=1}^{n} Q_i \sin\alpha_i} \tag{4.25}$$

(9) 求最小安全系数 $K_{\min}$，即找最危险的圆弧。重复步骤(2)～(8)，选择不同的圆弧得到相应的安全系数 K_1，K_2，K_3，…，取其中最小值即为所求的 $K_{\min}$。

【案例 4-3】

已知某路基填筑高度 $h = 10\mathrm{m}$，土的重度 $\gamma = 18\mathrm{kN/m^3}$，内摩擦角 $\varphi = 20°$，黏聚力 $c = 7\mathrm{kPa}$。

问题：

结合所学知识，试求此路基的稳定坡脚 θ。

4.4 基 坑 支 护

4.4.1 基坑工程设计内容

基坑开挖及支护结构设计应满足以下两方面要求。

(1) 不致使坑壁土体失稳或支护结构破坏从而导致基坑本身、周边建筑物和环境的破坏。

(2) 基坑及支护结构变形不应妨碍地下结构的施工或导致相邻建(构)筑物、管线、道路等的正常使用。

根据这两方面要求，基坑工程设计内容通常包括以下几方面。

① 支护结构的强度和变形计算及坑内外土体稳定性计算。

② 基坑地下水控制方式及降水、止水帷幕设计。

③ 施工期间监测设计。

④ 施工期间可能出现的不利工况验算及应急措施制定。

上述设计内容中的第①项是基坑工程设计的主要内容。对于支护结

音频 基坑工程设计
的内容.mp3

常见的基坑支护
形式.docx

基坑支护.mp4

构强度和变形设计，应根据建筑物本身及周边环境的具体情况，将基坑侧壁划分安全等级后再进行设计计算，并且应满足承载能力极限状态和正常使用极限状态两种要求。

4.4.2 支护结构上的水平荷载

作用在支护结构上的水平荷载有土压力，在地下水位以下时还有水压力。土压力的计算在第 4.2 节中有叙述，水压力的计算可采用静水压力、按流网法计算渗流力求水压力和按直线比例法计算渗流力求水压力等方法。

计算地下水位以下的土、水压力时，有"土水分算"和"土水合算"两种方法。一般认为，对于渗透性较强的土，如砂性土和粉土，一般采用土水分算，即分别计算作用在围护结构上的土压力和水压力，然后相加；对渗透性较弱的土，如黏性土，可以采用土水合算的方法。

1. 影响因素

计算作用在支护结构上的水平荷载时，应考虑下列因素。

(1) 基坑内外土的自重(包括地下水)。

(2) 基坑周边既有和在建的建(构)筑物荷载。

(3) 基坑周边施工材料和设备荷载。

(4) 基坑周边道路车辆荷载。

(5) 冻胀、温度变化等产生的作用。

2. 水、土压力分算与合算

1) 地下水位以上

地下水位以上显然采用水压力、土压力合算方法。但在采用抗剪强度指标时，对黏性土、黏质粉土，土的抗剪强度指标应采用三轴固结不排水抗剪强度指标或直剪固结抗剪强度指标；对砂质粉土、砂土、碎石土，土的抗剪强度指标应采用有效应力强度指标。

2) 地下水位以下

对地下水位以下的黏性土、黏质粉土，可采用水压力、土压力合算方法。但在采用抗剪强度指标时，对于正常固结土和超固结土，土的抗剪强度指标应采用三轴固结不排水抗剪强度指标或直剪固结抗剪强度指标；对欠固结土，宜采用有效自重应力下预固结的三轴不固结不排水抗剪强度指标。

对地下水位以下的砂质粉土、砂土、碎石土，应采用水压力、土压力分算方法，但土的抗剪强度指标应采用有效应力强度指标。对于砂质粉土，缺少有效应力强度指标时，也可采用固结不排水抗剪强度指标或直剪固结抗剪强度指标代替。对砂土和碎石土，有效应力强度指标可根据标准贯入试验指标取值。

土压力、水压力采用分算方法时，水压力可按静水压力计算；当地下水渗流时，宜按渗流理论计算水压力和土的竖向有效应力；当存在多个含水层时，应分别计算各含水层的水压力。

本章小结

本章讲述了土压力、边坡稳定分析以及基坑支护等相关知识，对所涉及的技术术语的含义要有明确的了解和深刻的记忆。具体内容如下。

概述：挡土墙的用途及类型、土压力的种类。

土压力：静止土压力的计算、朗肯土压力理论和库仑土压力理论。

边坡稳定分析：边坡稳定的意义、边坡稳定的影响因素、无黏性土土坡稳定分析、黏性土土坡稳定分析。

基坑支护：基坑工程设计内容、支护结构上的水平荷载。

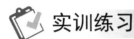

实训练习

一、单选题

1. 在影响挡土墙土压力的诸多因素中，(　　)是最主要的因素。

　　A. 挡土墙的高度　　　　　　　　　B. 挡土墙的刚度

　　C. 挡土墙的位移方向及大小　　　　D. 挡土墙填土类型

2. 用朗肯土压力理论计算挡土墙土压力时，适用条件之一是(　　)。

　　A. 墙后填土干燥　　B. 墙背粗糙　　C. 墙背直立　　　D. 墙背倾斜

3. 当挡土墙向离开土体方向偏移至土体达到极限平衡状态时，作用在墙上的土压力称为(　　)。

　　A. 主动土压力　　B. 被动土压力　　C. 静止土压力　　D. 以上都不对

4. 若挡土墙的墙背竖直且光滑，墙后填土面水平，黏聚力 $c=0$，采用朗肯解和库仑解，得到的主动土压力有何差异？(　　)

　　A. 朗肯解大　　B. 库仑解大　　C. 相同　　　　D. 以上都不对

5. 挡土墙的墙背与填土的摩擦角对按库仑主动土压力计算的结果有何影响？(　　)

　　A. 越大，土压力越小

　　B. 越大，土压力越大

　　C. 与土压力大小无关，仅影响土压力的作用方向

　　D. 以上都不对

二、填空题

1. 按挡土墙的位移情况和墙后土体所处的应力状态，可将土压力分为(　　)、(　　)和(　　)。

2. 当挡土墙静止不动，即挡土墙完全没有侧向位移、偏转和自身弯曲变形时，作用在其上的土压力即为(　　)。

3. 朗肯理论适用条件: 挡土墙的墙背(　　　)、(　　　); 挡土墙后填土(　　　)。

4. 影响边坡稳定性的因素有(　　)、(　　)、(　　)、(　　)、(　　)、(　　)。

5. 计算地下水位以下的土、水压力时, 有(　　)和(　　)两种方法。

三、简答题

1. 何谓静止土压力、主动土压力、被动土压力?

2. 朗肯土压力理论的假设条件是什么?

3. 库仑土压力理论的假设条件是什么?

4. 挡土墙有哪几种类型, 各有什么特点? 各适用于什么条件?

第 4 章习题答案.doc

实训工作单1

班级		姓名		日期	
教学项目		挡土墙模型试验			
任务	测得挡土墙的土压力		试验方法	模型试验法	
相关知识	当挡土墙产生不同方向的位移时，将产生三种不同性质的土压力。				
其他项目					

现场过程记录

评语			指导教师	

实训工作单 2

班级		姓名		日期	
教学项目		现场参观挡土墙			
学习项目	识别现场的挡土墙			学习要求	掌握挡土墙的识别能力
相关知识	挡土墙的用途及类型				
其他项目					

现场过程记录

评语				指导教师	

第5章 天然地基上的浅基础设计

第5章天然地基上的浅

基础设计.pptx

【教学目标】

1. 学会浅基础的分类方法。
2. 掌握基础埋置深度确定的方法，熟练计算基础底面尺寸。
3. 掌握无筋扩展基础、扩展基础及柱下条形基础的设计方法。
4. 熟记减轻不均匀沉降损害的措施。

【教学要求】

本章要点	掌握层次	相关知识点
浅基础的分类	1. 掌握基础按刚度的分类 2. 了解基础按材料的分类 3. 掌握基础按形式的分类	1. 刚性基础、柔性基础 2. 砖基础、三合土基础等 3. 独立基础、条形基础等
基础设计	1. 掌握基础埋置深度确定的方法 2. 熟练计算基础底面尺寸 3. 掌握无筋扩展基础的设计方法 4. 掌握扩展基础的设计方法 5. 掌握柱下条形基础的设计方法	1. 基础埋置深度 2. 基础底面尺寸的确定 3. 无筋扩展基础的设计 4. 扩展基础设计 5. 柱下条形基础设计
减轻不均匀沉降损害的措施	1. 熟记建筑措施减轻不均匀沉降 2. 理解结构措施减轻不均匀沉降 3. 了解施工措施减轻不均匀沉降	1. 建筑措施 2. 结构措施 3. 施工措施

【案例导入】

在某地质条件简单的场地，拟建设普通六层民用建筑(采暖)，地基土为弱冻胀土，框架结构，其中某柱子尺寸为300mm×400mm，上部结构传至地表标高处的荷载为 $F_k = 1600\text{kN}$，$M_k = 80\text{kN} \cdot \text{m}$。土层自地表起分布如下。

第一层为杂填土，厚度为1.0m，$\gamma = 16.5\text{kN/m}^3$。

第二层为黏土，厚度为2.0m，$\gamma = 18\text{kN/m}^3$，$e = 0.85$，$I_L = 0.75$，$f_{ak} = 190\text{kPa}$，$E_s = 15\text{MPa}$。

第三层为淤泥质土，厚度为3.0m，$\gamma = 18.5\text{kN/m}^3$，$f_{ak} = 75\text{kPa}$，$E_s = 3\text{MPa}$。

以下为厚度大于6m的中砂，地下水埋深1.5m。

注： 1. 不考虑变形验算。

2. 荷载基本组合值取标准组合值的1.35倍。

【问题导入】

结合本章内容，根据所提供的资料，试进行浅基础设计。

5.1 浅基础的认知

地基为承受基础作用的土体或岩体。基础是将结构所承受的各种作用传递到地基上的结构组成部分。地基和基础是建筑物设计和施工中的重要内容，对建筑物的安全使用和工程造价有着很大的影响。在地基基础设计时，应考虑上部结构和地基基础的共同作用，对建筑物体型、荷载情况、结构类型和地质条件进行综合分析，选择合理的地基基础类型。

地基分为天然地基和人工地基。未经人工改良的天然土层，直接作为建筑物的地基使用时称为天然地基。土层经过人工加固处理后使用的地基称为人工地基。基础按照埋置深度分为浅基础和深基础。天然地基上的浅基础，一般指埋置深度小于5m的基础(如柱下独基、墙下条基)，或者埋置深度小于基础宽度的基础(如箱形基础、筏形基础)，其基础竖向尺寸与平面尺寸相当，侧面摩擦力对基础承载力的影响可忽略不计。对于基础埋深大于基础宽度且深度超过5m的基础，如桩基、沉井等称为深基础。

正确选择地基基础的类型十分重要。在天然地基上直接建造基础，施工方法比较简单、造价较低；采用人工地基或深基础，则工期长，造价高。因此，在满足地基承载力、变形和稳定性要求的前提下，宜采用浅基础，优先考虑天然地基上的浅基础。

本章主要讨论天然地基上浅基础的设计问题。

5.2 浅基础的分类

5.2.1 按基础刚度分类

建筑物的基础按使用材料的受力特点，可分为刚性基础和柔性基础。当基础底部扩展部分不超过基础材料刚性角的基础，称为刚性基础；反之，为柔性基础。刚性角即基础放宽的引线与墙体垂直线之间的夹角。

1) 刚性基础

刚性基础一般使用刚性材料作为基础材料(基础宽度受刚性角的限制)。用于地基承载力较好、压缩性较小的中小型民用建筑。刚性材料的抗压强度高，而抗拉、抗剪强度较低，如砖、灰土、混凝土、三合土、

音频 浅基础的

分类.mp3

毛石等。刚性基础在构造上一般通过限制宽高比来满足刚性角的要求。

2) 柔性基础

柔性基础常用钢筋混凝土作为基础材料(基础宽度不受刚性角的限制)。用于地基承载力较差、上部荷载较大、设有地下室且基础埋深较大的建筑。钢筋混凝土的抗拉、抗压、抗弯、抗剪性能均较好,在基础底部设置受力钢筋,利用钢筋受拉,这样基础可以承受弯矩,也就不受刚性角的限制。在同样条件下,采用钢筋混凝土基础比素混凝土基础可节省大量的混凝土材料和挖土工程量。

5.2.2 按基础材料分类

常用的基础材料包括砖、石、灰土、三合土、混凝土、毛石混凝土和钢筋混凝土等。

砖基础具有成本较低、施工方便的特点,在我国应用非常广泛。砖砌体具有一定的抗压强度,但抗拉强度和抗剪强度较低。基础剖面一般为阶梯形,底面以下设垫层。为便于施工,砖基础底面宽度通常符合砖的模数,如240mm、370mm、490mm、620mm等。为保证基础材料有足够的强度和耐久性,对于地面以下或防潮层以下的砖砌体材料的最低强度等级应符合表5-1的要求。

表 5-1　基础用砖、石料及砂浆最低强度等级

地基土的潮湿程度	烧结普通砖	混凝土普通砖、蒸压普通砖	混凝土砌块	石材	水泥砂浆
稍潮湿	MU15	MU20	MU5	MU30	M5
很潮湿	MU20	MU20	MU7.5	MU30	M5
含水饱和	MU20	MU25	MU10	MU40	M7.5

注:1. 在冻胀地区,地面以下或防潮层以下的部体,不宜采用多孔砖,如采用时,其孔洞应用不低于M10的水泥砂浆预先灌实。当采用混凝土空心砖砌体时,其孔洞应采用强度等级不低于C15的混凝土灌实。

2. 对安全等级为一级或设计年限大于50年的房屋,表中材料强度等级应至少提高一级。

石材的强度高,抗冻性好,是基础的理想材料,在实际工程中一般使用未风化的毛石。石料和砂浆的强度等级见表5-1。毛石基础造价低,取材方便,施工劳动强度较大。

灰土基础是采用石灰和土按比例混合,经分层夯实而成的基础。其体积比常用3∶7或2∶8。灰土的密实度越高,强度越高,水稳定性越好。灰土基础适合5层和5层以下、地下水位较低的砌体结构房屋和墙体承重的工业厂房。其优点是施工简便、造价较低;缺点是抗冻性、耐水性差,地下水位以下不宜采用。

三合土基础是采用石灰、砂、碎砖或碎石材料铺设、压密而成,其体积比一般按1∶2∶4~1∶3∶6。三合土基础常用于我国南方地区地下水位较低的4层及4层以下民用建筑工程。

混凝土基础的强度、耐久性与抗冻性均优于砖石基础,因此,当荷载较大或位于地下水位以下时,常选用混凝土基础。当基础体积较大时,也可设计成毛石混凝土基础,即在

浇灌混凝土的过程中，掺入少于基础体积 30%的毛石，可以节约混凝土用量。

钢筋混凝土有良好的抗压、抗拉、抗剪性能，在相同条件下可有效减少基础的高度，主要用于荷载大、土质较差的情况或地下水以上的基础。

5.2.3 按基础形式分类

1. 独立基础

按支撑的上部结构形式，可分为柱下独立基础和墙下独立基础。

1) 柱下独立基础

在地基承载力较高或上部结构荷载不大时，柱基础常采用独立基础，如图 5-1 所示。基础所用的材料可根据柱的材料和荷载大小来确定。砌体柱下常采用刚性基础。现浇钢筋混凝土和预制钢筋混凝土柱下一般采用钢筋混凝土基础。现浇柱下的基础截面常做成阶梯形基础或锥形基础；预制柱下的基础一般做成杯形基础。

独立基础.docx

柱下独立基础.mp4

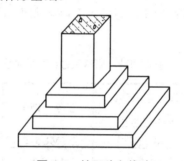

图 5-1 柱下独立基础

2) 墙下独立基础

当上层土质松散而持力层较浅时，为了节省基础材料和减少开挖量，可以采取墙下独立基础。通过在单独基础之间放置钢筋混凝土过梁或者砌筑砖拱，承受上部结构传来的荷载。

2. 条形基础

条形基础是指基础长度远大于其宽度的一种基础形式，可分为墙下条形基础和柱下条形基础。

条形基础.mp4

1) 墙下条形基础

墙下条形基础是多层建筑承重墙基础的主要形式，当上部荷载大而土质较差时，可采用宽基浅埋的钢筋混凝土条形基础。其截面形式可做成无肋式或有肋式两种，如图 5-2 所示。当基础长度方向的荷载及地基土的压缩性不均匀时，常使用带肋的墙下钢筋混凝土条形基础，以增强基础的整体性，减少不均匀沉降。

条形基础.docx

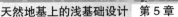

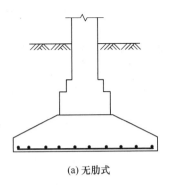
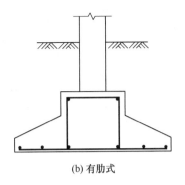

(a) 无肋式　　　　　　　　　　(b) 有肋式

图 5-2　墙下钢筋混凝土条形基础

2) 柱下条形基础

当基础较为软弱、柱荷载或地基压缩性分布不均匀，以至于采用独立基础可能产生较大的不均匀沉降时，常将同一方向(或同一轴线)上若干柱子的基础连成一体而形成柱下钢筋混凝土条形基础，如图 5-3 所示。这种基础抗弯刚度较大，能将所承受的集中柱荷载较均匀地分布到整个基础底面上，具有调整不均匀沉降的能力。柱下条形基础常用于软弱地基上框架或排架结构的基础。

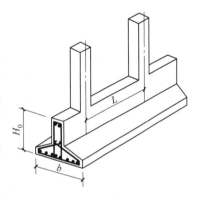

图 5-3　柱下条形基础

3. 十字交叉基础

如果地基软弱，柱荷载或地基压缩性在两个方向分布不均匀，需要基础在两个方向都具有一定的刚度来调整不均匀沉降，则可在柱网下沿纵、横双向分别设置条形基础，从而形成柱下交叉条形基础。如果单向条形基础的底面积已能满足地基承载力要求，为了减少差异沉降，可在另一方向加设连梁，形成连梁式交叉条形基础。

十字交叉条形基础.docx　　　　　筏形基础.docx　　　　　　筏形基础.mp4

4. 筏形基础

当柱下交叉条形基础底面积占建筑物平面面积的比例较大，或者建筑物在使用上有要求时，可以在建筑物的柱、墙下做成一块满堂的基础，即筏形基础。筏形基础按所支承的上部结构类型分为墙下筏形基础(用于砌体承重结构)和柱下筏形基础(用于框架、剪力墙结构)，如图 5-4 所示。柱下筏形基础可以分为平板式和梁板式两类。

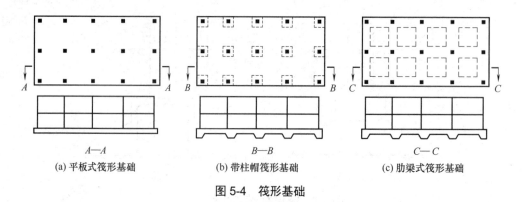

(a) 平板式筏形基础　　　　　(b) 带柱帽筏形基础　　　　　(c) 肋梁式筏形基础

图 5-4　筏形基础

5. 箱形基础

箱形基础是由钢筋混凝土的顶板、底板和纵、横墙板组成的整体刚度较大的箱形结构，简称箱基，如图 5-5 所示。它是在工地现场浇筑的钢筋混凝土大型基础。箱基的尺寸很大，平面尺寸通常与整个建筑平面外形轮廓相同，高度一般超过 3m。高层建筑的箱基可能有数层，高度超过 10m。箱基可以开挖后浇筑，也可以采用沉井法施工。

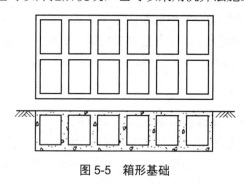

图 5-5　箱形基础

箱形基础.mp4

箱形基础.docx

5.3　基础埋置深度

基础埋置深度是指基础底面距地面(一般指设计地面)的距离。确定基础埋深时应综合考虑很多因素，但对于很多单项工程来说，往往只是其中一两个因素起决定作用。

选择基础埋置深度即选择合适的地基持力层。基础埋置深度的大小对于建筑物的安全和正常使用、基础施工技术措施、施工工期和工程造价等影响很大，因此，合理确定基础埋置深度是基础设计工作中的重要环节。设计时必须综合考虑建筑物自身条件(如使用条件、结构形式、荷载的大小和性质等)以及所处的环境(如地质条件、气候条件、邻近建筑的影响等)，善于从实际出发，抓住决定性因素。以下选择基础埋深时应考虑下述几个因素。

5.3.1　与建筑物有关条件及场地环境条件

基础埋置深度首先取决于建筑物的用途，如有无地下室、设备基础和地下设施等，以及基础形式和构造，因而基础埋深要结合建筑设计标高的要求确定。

高层建筑筏形和箱形基础的埋置深度应满足地基承载力、变形和稳定性要求。在抗震设防区，除岩石地基外，天然地基上的箱形和筏形基础的埋置深度不宜小于建筑物高度的1/15；桩箱或桩筏基础的埋置深度(不计桩长)不宜小于建筑物高度的1/20～1/18。位于基岩地基上的高层建筑物基础埋置深度，还要满足抗滑要求。

对于高耸构筑物(如烟囱、水塔、筒体结构)，基础要有足够埋深以满足稳定性要求；对于承受上拔力的结构基础，如输电塔基础、悬索式桥梁的锚定基础，需要有较大的埋深以满足抗拔要求。

另外，建筑物荷载的性质和大小影响基础埋置深度的选择，如荷载较大的高层建筑和对不均匀沉降要求严格的建筑物，往往为减小沉降，而把基础埋置在较深的良好土层上，这样，基础埋置深度相应较大。此外，承受水平荷载较大的基础，应有足够大的埋深，以保证地基的稳定性。

为了保护基础不受人类和其他生物活动等的影响，基础宜埋置在地表以下，其最小埋深为0.5m，且基础顶面宜低于室外设计地面0.1m，同时又要便于周围排水沟的布置。当存在相邻建筑物时，新建筑物基础的埋深不宜大于原有建筑物基础。当埋深大于原有建筑物基础时，两基础间应保持一定净距，其数值应根据原有建筑荷载大小、基础形式和土质情况确定，一般不宜小于基础地面高差的1～2倍，如图 5-6 所示。当上述要求不能满足时，应采取分段施工，采取设置临时加固支撑、打板桩、地下连续墙等施工措施，或加固原有建筑物地基。

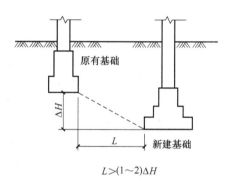

$$L > (1\sim2)\Delta H$$

图 5-6　相邻建筑间的基础埋深及间距要求

5.3.2　工程地质与水文地质条件

1. 工程地质条件

为了保护建筑物的安全，必须根据荷载的大小和性质给基础选择可靠的持力层。一般当上层土的承载力能满足要求时，就应选择浅埋，以减少造价；若其下有软弱土层，则应验算软弱下卧层的承载力是否满足要求，并尽可能增大基底至软弱下卧层的距离。

当下层土的承载力大于上层土时，如果取下层土为持力层，所需的基础底面积较小，但埋深较大；若取上层土为持力层，则情况相反。在工程应用中，应根据施工难易程度、材料用量(造价)等进行方案比较确定。必要时，还可以考虑采用基础浅埋加地基处理的设计

方案。

2. 水文地质条件

选择基础埋深时，应注意地下水的埋藏条件和动态。对于天然地基上浅基础的设计，首先应尽量考虑将基础置于地下水位以上，以免施工排水等造成的麻烦。当基础必须埋在地下水位以下时，除应当考虑基坑排水、坑壁围护等措施以保护地基土不受扰动外，还要考虑可能出现的其他施工与设计问题，如出现涌土、流砂的可能性；地下水对基础材料的化学腐蚀作用；地下室防渗；轻型结构物由于地下水顶托的上浮托力；地下水上浮托力引起基础底板的内力等。

对埋藏有承压含水层的地基，如图 5-7 所示，确定基础埋深时，必须控制基坑开挖深度，防止基坑因挖土减压而隆起开裂。

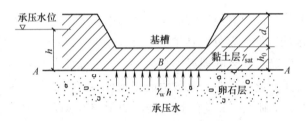

图 5-7　水文地质条件与基础埋深的关系

5.3.3　地质冻融条件

地表下一定深度的地层温度随大气温度而变化。季节性冻土层是冬季冻结、天暖解冻的土层，在我国北方地区分布广泛。若冻胀产生的上抬力大于基础荷重，基础就有可能被上抬；土层解冻时，土体软化，强度降低，地基产生融陷。地基土的冻胀与融陷通常是不均匀的，因此，容易引起建筑开裂损坏。季节性冻土的冻胀性与融陷性是相互关联的，常以冻胀性加以概括。《建筑地基基础设计规范》根据冻土层的平均冻胀率的大小，将地基土划分为不冻胀、弱冻胀、冻胀、强冻胀和特强冻胀 5 类。为避免受冻胀区土层的影响，基础底面宜设置在冻结线以下。当建筑物基础地面土层为不冻胀、弱冻胀、冻胀土时，基础埋置深度可以浅于冻结线，但基础底面下允许留存的冻土厚度应不足以给上部结构造成危害。

季节性冻土地基的场地冻结深度应按下式计算：

$$z_d = z_0 \cdot \Psi_{zs} \cdot \Psi_{zw} \cdot \Psi_{ze} \tag{5.1}$$

式中：z_d——场地冻结深度(m)，若当地有多年实测资料时，按 $z_d = h' - \Delta z$ 计算，h' 和 Δz 分别为实测冻土层厚度和地表冻胀量；

z_0——标准冻结深度，采用在地表平坦、裸露、城市之外的空旷场地中不少于 10 年实测最大冻深的平均值，当无实测资料时，按《建筑地基基础设计规范》(GB 50007—2011) 附录 F 采用；

Ψ_{zs}——土的类别对冻结深度的影响系数，取值见表 5-2；

ψ_{zw} ——土的冻胀性对冻结深度的影响系数，取值见表 5-3；

ψ_{ze} ——环境对冻结深度的影响系数，取值见表 5-4。

表 5-2　土的类别对冻结深度的影响系数

土的类别	影响系数 ψ_{zs}	土的类别	影响系数 ψ_{zs}
黏性土	1.00	中、粗、砾砂	1.30
细砂、粉砂、粉土	1.20	碎石土	1.40

表 5-3　土的冻涨性对冻结深度的影响系数

冻胀性	影响系数 ψ_{zw}	冻胀性	影响系数 ψ_{zw}
不冻胀	1.00	强冻胀	0.85
弱冻胀	0.95		
冻胀	0.90	特强冻胀	0.80

表 5-4　环境对冻结深度的影响系数

周围环境	影响系数 ψ_{ze}	周围环境	影响系数 ψ_{ze}
村、镇、旷野	1.00	城市市区	0.90
城市近郊	0.95		

注：环境影响系数一项，当城市市区人口为 20 万～50 万时，按城市近郊取值；当城市市区人口大于 50 万小于或等于 100 万时，按城市市区取值；当城市市区人口超过 100 万时，按城市市区取值，5km 以内的郊区应按城市近郊取值。

基础底面下允许冻土层最大厚度应根据当地经验确定。基础最小埋置深度 $d_{\min}$ 可按下式计算：

$$d_{\min} = z_d - h_{\max} \tag{5.2}$$

式中，$h_{\max}$ 为基础底面下允许残留冻土层的最大厚度。

5.4　基础底面尺寸的确定

基础尺寸设计，包括基础底面的长度、宽度与基础的高度。根据已确定的基础类型、埋置深度 d，计算地基承载力特征值 f_a 和作用在基础底面的荷载值，进行基础尺寸设计。

作用在基础底面的荷载，包括竖向荷载 F (上部结构自重、屋面荷载、楼面荷载和基础自重)、水平荷载 T (土压力、水压力与风压力等)和力矩 M。

荷载计算应按传力系统，自上而下，由屋面荷载开始计算，累计至设计地面。需要注意计算单元的选取；对于无门窗的墙体，可取 1m 长计算；对于有门窗的墙体，可取一开间长度为计算单元。初算一般多层住宅条形基础上的荷载，每层可按 $N \approx 30kN/m$ 计算。

按照实际荷载的不同组合，基础尺寸设计按中心荷载作用与偏心荷载作用两种情况分别进行。

5.4.1 中心荷载作用下的基础尺寸

1. 基础底面积 A

取基础底面处诸力的平衡得：

$$F + G \leqslant f_a A$$

$$F \leqslant f_a A - G = f_a A - \gamma_G dA = (f_a - \gamma_G d) A \tag{5.3}$$

$$A \geqslant \frac{F}{f_a - \gamma_G d}$$

式中，γ_G 为基础及其台阶上填土的平均重度，通常采用 20kN/m^3。

1) 独立基础

由公式(5.3)计算所得基础底面积 $A = l \times b$，取整数。通常中心荷载作用下采用正方形基础，即 $A = b^2$。

如因场地限制等原因有必要采用矩形基础时，则取适当的 l / b 的比值。

2) 条形基础

当基础长度 $l \geqslant 10b$ 时称为条形基础。此时，可按平面问题计算，取 $l = 1.0 \text{m}$，则基底面积 $A = b$。

2. 基础高度 h

基础高度 h 通常小于基础埋深 d，这是为了防止基础露出地面，遭受人来车往、日晒雨淋的损伤，需要在基础顶面覆盖一层保护基础的土层，此保护层的厚度 d_0，通常 $d_0 > 10 \text{cm}$ 或 15cm 均可。因此，基础高度 $h = d - d_0$。

5.4.2 偏心荷载作用下的基础尺寸

偏心荷载作用下，基础底面受力不均匀，需要加大基础底面面积，通常采用逐次渐近试算法进行计算。计算步骤如下。

(1) 先按中心荷载作用下的公式(5.3)，初算基础底面积 A_1。

(2) 考虑偏心不利影响，加大基底面积 $10\% \sim 40\%$。偏心小时可用 10%，偏心大时采用 40%。故偏心荷载作用下的基底面积为

$$A = (1.1 \sim 1.4) A_1 \tag{5.4}$$

(3) 计算基底边缘最大与最小应力。

$$p_{\min}^{\max} = \frac{F + G}{A} \pm \frac{M}{W} \tag{5.5}$$

式中：$p_{\max}$——基础底面边缘的最大压力设计值，kPa；

$p_{\min}$——基础底面边缘的最小压力设计值，kPa；

M——作用于基础底面的力矩设计值，kN·m；

W——基础底面的抵抗矩，矩形基础：$W = lb^2 / 6$，m^3。

【案例 5-1】

某建筑室内外高差 0.45m，柱下地基为均质黏性土层，重度 $\gamma = 17.5\text{kN/m}^3$，孔隙比 $e = 0.71$，液性指数 $I_L = 0.77$，地基承载力特征值 $f_{ak} = 230\text{kPa}$，柱截面尺寸为 $300 \times 400\text{mm}$，上部结构传至地表的荷载效应标准值 $F_k = 800\text{kN}$，$M_k = 80\text{kN} \cdot \text{m}$，水平荷载 $V_k = 13\text{kN}$，地基土为黏性土。

问题：

结合所学知识，试计算柱下独立基础的底面尺寸。

5.5　无筋扩展基础的设计

5.5.1　设计内容

无筋扩展基础设计主要包括基础底面尺寸、基础剖面尺寸及其构造措施。因刚性基础材料的抗弯、抗拉能力很低，故常设计成轴心受压基础。其基础底面尺寸除满足地基承载力要求外，基础底面宽度应符合台阶宽高比或材料刚性角的要求，应符合公式(5.6)的要求，如图 5-7 所示。

$$b \leqslant b_0 + 2h \tan \alpha \tag{5.6}$$

式中：b ——基础底面宽度，m；

　　　b_0 ——基础顶面的墙体宽度或柱脚宽度，m；

　　　h ——基础高度，m；

　　　$\tan \alpha$ ——基础台阶宽高比的允许值，允许值见表 5-5。

表 5-5　无筋拓展基础台阶宽高比的允许值

基础名称	质量要求	台阶宽高比的允许值		
		$p_k \leqslant 100$	$100 < p_k \leqslant 200$	$200 < p_k \leqslant 300$
混凝土基础	C15 混凝土	1：1.00	1：1.00	1：1.25
毛石混凝土基础	C15 混凝土	1：1.00	1：1.25	1：1.50
砖基础	砖不低于 MU10 砂浆不低于 M5	1：1.50	1：1.50	1：1.50
毛石基础	砂浆不低于 M5	1：1.25	1：1.50	—
灰土基础	体积比为 3：7 或 2：8 的灰土，其最小干密度：粉土 1.55t/m³ 粉质黏土 1.50t/m² 黏土 1.45t/m³	1：1.25	1：1.50	—

续表

基础名称	质量要求	台阶宽高比的允许值		
		$p_k \leqslant 100$	$100 < p_k \leqslant 200$	$200 < p_k \leqslant 300$
三合土基础	体积比 1∶2∶4～1∶3∶6 (石灰∶砂∶骨料)，每层约虚铺 220mm，夯至 150mm	1∶1.50	1∶2.00	—

注：1. p_k 为荷载效应标准组合时基础底面处的平均压力值，kPa；

2. 阶梯形毛石基础的每阶伸出宽度，不宜大于 200mm；

3. 当基础由不同材料叠合组成时，应对接触部分作抗压验算。

4. 混凝土基础单侧扩展范围内基础底面处的平均压力值超过 300kPa 时，应进行抗剪验算。

5.5.2 设计步骤

无筋扩展基础的设计步骤如下。

(1) 确定基底面积 $b \times l$。

(2) 选择无筋扩展基础类型。

(3) 按宽高比决定台阶高度与宽度——从基底开始向上逐步收小尺寸，使基础顶面低于室外地面至少 0.1m，否则应修改尺寸或基底埋深。

(4) 基础材料强度小于柱的材料强度时，应验算基础顶面的局部抗压强度，如不满足，应扩大柱脚的底面积.

(5) 为了节省材料，刚性基础通常做成台阶形。基础底部常做成一个垫层，垫层材料一般为灰土、三合土或素混凝土，厚度大于或等于 100mm。薄的垫层不作为基础考虑，对于厚度为 150～250mm 的垫层，可以看成基础的一部分。

5.6　扩展基础设计

5.6.1 适用范围

扩展基础的底面向外扩展，基础外伸的宽度大于基础高度，基础材料承受拉应力，因此，扩展基础必须采用钢筋混凝土材料。

扩展基础适用于上部结构荷载较大，有时为偏心荷载或承受弯矩、水平荷载的建筑物基础。在地基表层土质较好、下层土质软弱的情况时，利用表层好土层设计浅埋基础，最适宜采用扩展基础。

扩展基础分为柱下独立基础和墙下条形基础两类，如图 5-8 所示。

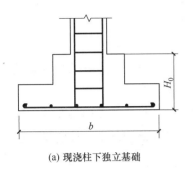
(a) 现浇柱下独立基础

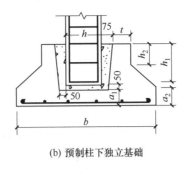
(b) 预制柱下独立基础

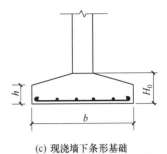
(c) 现浇墙下条形基础

图 5-8　扩展基础图

5.6.2　构造要求

扩展基础构造要求如下。

(1) 锥形基础的边缘高度，不宜小于200mm，阶梯形基础的每阶高度，宜为 300～500mm。

(2) 垫层的厚度不宜小于70mm，垫层混凝土强度等级应为C10。

(3) 底板受力钢筋的最小直径不宜小于10mm，间距不宜大于200mm，也不宜小于100mm。钢筋保护层的厚度有垫层时不宜小于40mm，无垫层时不宜小于70mm。

音频　扩展基础构造要求.mp3

(4) 混凝土强度等级不应低于C20。

5.6.3　扩展基础计算

1. 扩展基础底面面积

$$A \geqslant \frac{F}{f_a - \gamma_G d} \tag{5.7}$$

2. 扩展基础高度和变阶处高度

1) 柱下独立基础高度

(1) 受冲切承载力验算。

对柱下独立基础，当冲切破坏锥体在基础底面以内时，应按式(5.8)验算柱与基础交接处和基础变阶处的受冲切承载力。

$$F_1 \leqslant 0.7 \beta_{hp} f_t b_m h_0 \tag{5.8}$$

$$F_1 = p_s A_1 \tag{5.9}$$

$$b_m = \frac{b_t + b_b}{2} \tag{5.10}$$

式中：F_1——基础受冲切承载力设计值；

β_{hp}——受冲切承载力截面高度影响系数，当承台高度 h 不大于800mm时，β_{hp} 取 1.0；

当 h 大于等于 2000mm 时，β_{hp} 取 0.9，其间按线性内插法取用；

f_t——混凝土轴心抗拉强度设计值；

h_0——基础冲切破坏锥体的有效高度；

b_t——冲切破坏锥体最不利一侧斜截面的上边长，当计算柱与基础交接处的受冲切承载力时(a)取柱宽，当计算基础变阶处的受冲切承载力时(b)取上阶宽；

b_b——冲切破坏锥体最不利一侧斜截面的下边长，当冲切破坏锥体的底面落在基础底面以内计算柱与基础交接处的受冲切承载力时(a)取柱宽加 $2h$，当计算基础变阶处的受冲切承载力时(b)取上阶宽加 $2h_0$；

A_1——考虑冲切荷载时取用的多边形面积；

p_s——相应于荷载效应基本组合时的地基土单位面积净反力(扣除基础自重及其上的土重)，当为偏心荷载时可取用最大值。

基础有效高度：

$$h_0 \geqslant \frac{1}{2}\left(-b_t + \sqrt{a_t^2 + C}\right) \tag{5.11}$$

式中：h_0——基础底板有效高度，mm；

b_t——柱截面的短边，mm；

a_t——柱截面的长边，mm；

C——系数。

(2) 受剪承载力验算。

当基础底面短边尺寸小于或等于柱宽加两倍基础有效高度时，应按下列公式验算柱与基础交接处和基础变阶处截面受剪承载力：

$$V_s \leqslant 0.7\beta_{hs} f_t A_0 \tag{5.12}$$

$$\beta_{hs} = \left(\frac{800}{h_0}\right)^{1/4} \tag{5.13}$$

式中：V_s——相应于作用的基本组合时，柱与基础交接处或变阶处的剪力设计值(kN)，如图 5-9 所示，其值等于图 5-9 中阴影面积 AB_1CD_1 或 $ABCD$ 乘以基底平均净反力。

β_{hs}——受剪承载力截面高度影响系数，当 $h_0 \leqslant 800$mm 时，取 $h_0 = 800$mm；当 $h_0 \geqslant 2000$mm 时，取 $h_0 = 2000$mm。

A_0——验算截面处基础有效截面面积，m^2，当验算截面为阶形或锥形时，可将其截面折算成矩形截面。

① 对于阶形截面：

分别在变阶处$(B-D)$或柱边处(B_1-D_1)进行斜截面受剪承载力验算，如图 5-9 所示，并应符合下列规定。

计算变阶处截面$(B-D)$的斜截面受剪承载力时，其截面有效高度为 h_{01}，截面计算宽度为 b_{y_1}。计算柱边截面(B_1-D_1)的斜截面受剪承载力时，其截面有效高度为 $h_{01} + h_{02}$，截面计算宽度按下式进行计算：

$$b_{y_0} = \frac{b_{y_1} h_{01} + b_{y_2} h_{02}}{h_{01} + h_{02}} \tag{5.14}$$

② 对于锥形截面：

应对 $(B—D)$ 截面进行受剪承载力验算，截面有效高度均为 h_0，截面计算宽度按下式进行计算：

$$b_{y_0} = \left[1 - 0.5\frac{h_1}{h_0}\left(1 - \frac{b_{y_2}}{b_{y_1}}\right)\right] b_{y_1} \tag{5.15}$$

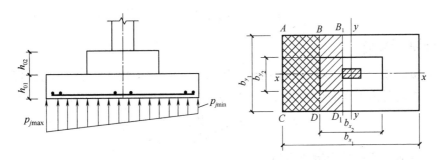

图 5-9　阶形基础受剪承载力计算

2) 墙下条形基础高度

墙下条形基础底板应按式(5.12)验算墙与底板交接处截面受剪承载力，其中 A_0 为验算截面处基础底板的单位长度垂直截面有效面积，墙与底板交接处由基底平均净反力产生的单位长度设计值。

3. 扩展基础弯矩的计算

1) 柱下独立基础弯矩计算

当矩形基础台阶的高宽比小于或等于 2.5 且偏心距小于或等于 1/6 基础宽度时，任意截面的弯矩可按下列公式计算，如图 5-10 所示。

$$M_{\mathrm{I}} = \frac{1}{12} a_1^2 \left[(2l + a')\left(p_{\max} + p - \frac{2G}{A}\right) + (p_{\max} - p)l\right] \tag{5.16}$$

$$M_{\mathrm{II}} = \frac{1}{48}(l - a')^2 (2b + b')\left(p_{\max} + p_{\min} - \frac{2G}{A}\right) \tag{5.17}$$

式中：M_{I}、M_{II}——任意截面 I—I、II—II 处的弯矩设计值；

a_1——任意截面 I—I 至基底边缘最大反力处的距离。

2) 墙下条形基础弯矩计算

墙下条形基础任意截面的弯矩计算，可取 $l = a' = 1\mathrm{m}$，按公式(5.16)进行计算。其最大弯矩截面的位置，应符合下列规定：当墙体材料为混凝土时，取 $a_1 = b_1$；如为砖墙且放脚不大于 1/4 砖长时，取 $a_1 = b_1 + \frac{1}{4}$ 砖长。

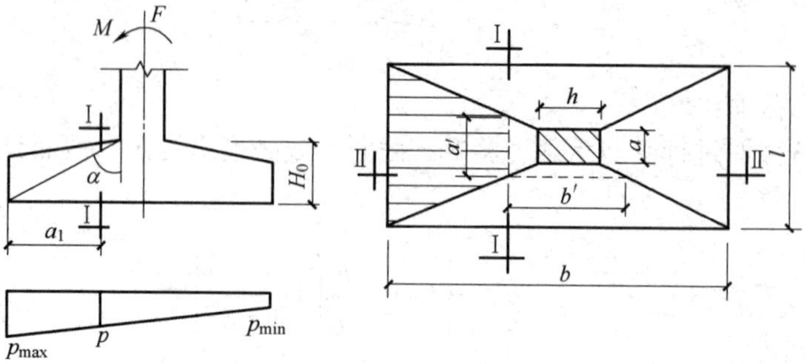

图 5-10　矩形基础底板的计算

4. 基础底板配筋

基础底板配筋应按国家标准《建筑地基基础设计规范》(GB 50007—2011)的有关规定计算。基础底板内受力钢筋面积可按公式(5.18)确定。

$$A_s = \frac{M}{0.9h_0 f_y} \tag{5.18}$$

式中：A_s——基础底板受力钢筋面积，mm^2；

$\quad\quad\ f_y$——钢筋抗压强度设计值。

【案例 5-2】

某大学拟新建一栋综合教学楼，主体为框架结构。上部结构荷载 $F = 2300kN$，柱截面尺寸为 $1200 \times 1200mm$，基础埋置深度 2.5m，假设经宽度修正后的地基承载力特征值 $f_a = 213kPa$。基础混凝土强度等级 C20，混凝土抗拉强度设计值 $f_t = 1.1N/mm^2$。HPB300 级钢筋，抗拉强度设计值 $f_y = 270N/mm^2$。

问题：

结合所学知识，试设计教学楼的基础。

5.7　柱下条形基础设计

5.7.1　适用范围

柱下钢筋混凝土条形基础是指布置成单向或双向的钢筋混凝土条状基础。它由肋梁及其横向外伸的翼板组成，其断面呈倒 T 形。由于肋梁的截面相对较大，且配置一定数量的纵筋和腹筋，因而具有较强的抗剪及抗弯能力。

柱下条形基础通常在下列情况下采用。

(1) 上部结构传给地基的荷载大，地基承载力又较低，单独基础不能满足要求时。

(2) 柱列间的净距离小于独立基础的宽度，或独立基础所需的面积受相邻建、构筑物的限制，面积不能扩大时。

(3) 由于各种原因，需加强地基基础整体刚度，以防止过大的不均匀沉降时。

(4) 利用"架越作用"。跨越局部软弱地基以及场地中的暗塘、沟槽、洞穴等。

5.7.2　构造要求

(1) 柱下条形基础梁的高度宜为柱距的1/4~1/8。翼板厚度不应小于200mm。当翼板厚度大于250mm时，宜采用变厚度翼板，其坡度宜小于或等于1:3。

(2) 条形基础端部宜向外伸出，其长度宜为第一跨距的0.25倍。

(3) 现浇柱与条形基础梁的交接处，其平面尺寸不应小于图5-11的规定。

(4) 条形基础梁顶部和底部的纵向受力钢筋除满足计算要求外，顶部钢筋按计算配筋全部贯通，底部通长钢筋不应少于底部受力钢筋截面总面积的1/3。

(5) 柱下条形基础的混凝土强度等级，不应低于C20。

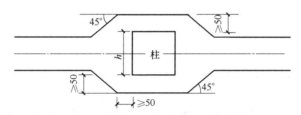

图 5-11　现浇柱与条形基础梁交界处平面尺寸

5.7.3　柱下条形基础计算

1. 基础底面面积 A

柱下条形基础可视为一狭长的矩形基础进行计算：

$$A = l \times b \geqslant \frac{N}{f_a - \gamma_G d} \tag{5.19}$$

式中：　A——条形基础底面面积；

　　　　l——条形基础长度，由构造要求设计；

　　　　b——条形基础宽度，由上部荷载与地基承载力确定。

2. 条形基础梁的内力计算

1) 按连续梁计算

适用于地基比较均匀，上部结构刚度较大，荷载分布较均匀，且条形基础梁的高度 $H \geqslant \frac{1}{6} l$，地基反力可按直线分布计算。

因基础自重不引起内力，采用基底净反力计算内力，进行配筋(净反力计算中不包括基础与其上覆土的自重)。两端边跨应增加受力钢筋，并上下均匀配置。

2) 按弹性地基梁计算

当上部结构刚度不大，荷载分布不均匀，且条形基础梁高 $H < \dfrac{1}{6}l$，地基反力不按直线分布，可按弹性地基梁计算内力。通常采用文克尔(Winkler)地基上梁的基本解。

文克尔地基模型，假设地基上任一点所受的压应力 p 与该点的地基沉降 s 成正比，即

$$p = Ks \tag{5.20}$$

式中，K 为基床系数。

K 值的大小与地基土的种类、松密程度、软硬状态、基础地面尺寸大小和形状以及基础荷载和刚度等因素有关。

【案例 5-3】

某市政府办公大楼外墙厚 370mm，室内外高差为 0.45m，传至地表基本外荷载值 $F_k = 360\text{kN/m}$，基础埋深按室外地面以下 1.5m 计算，修正后的地基承载力特征值 $f_a = 165\text{kPa}$。

问题：

结合所学知识，试设计此大楼墙下钢筋混凝土条形基础。

5.8 减轻不均匀沉降损害的措施

当建筑物的不均匀沉降过大时，将使建筑物开裂损坏并影响其使用，特别是对于高压缩性土、膨胀土、湿陷性黄土以及软硬不均等不良地基上的建筑物，由于总沉降量大，故不均匀沉降相应也大，如何防止或减轻不均匀沉降的危害，是设计中必须认真思考的问题。通常的方法有：①采用桩基础或其他深基础，以减少地基总沉降量；②对地基进行处理，以提高地基的承载力和压缩模量；③在建筑、结构和施工中采取措施。总之，采取措施的目的一方面是减少建筑物的总沉降量以及不均匀沉降，另一方面也可以增强上部结构对沉降和不均匀沉降的适应能力。

5.8.1 建筑措施

1. 建筑物的体型力求简单

建筑物的体型指的是其平面形状和立面高差(包括荷载差)。在满足使用和其他要求的前提下，建筑体型应力求简单，避免凹凸转角，因为在建筑单元纵横交叉处，基础密集，使得地基的附加应力相互重叠，造成这部分的沉降大于其他部位，如果这类建筑物的整体刚度较差，很容易因不均匀沉降引起建筑物开裂破坏。建筑物的高低或荷载变化太大，地基各部分所受的轻重不同，必然会加大不均匀沉降。

2. 增强结构的整体刚度

建筑物的长度与高度的比值称为长高比,长高比是衡量建筑物结构刚度的一个指标。长高比越大,整体刚度就越差,抵抗弯曲变形和调整不均匀沉降的能力也就越差。根据软土地基的经验,砖石承重的混合结构建筑物,长高比控制在 3:1 以内,一般可避免不均匀沉降引起的裂缝。若房屋的最大沉降小于或等于 120mm 时,长高比适当大一些也可避免不均匀沉降引起的裂缝。

合理布置纵横墙,也是增强砖石混合结构整体刚度的重要措施之一。砖石混合结构房屋的纵向刚度较弱,地基的不均匀沉降主要损害纵墙,内外墙的中断、转折都将削弱建筑物的纵向刚度。为此,在软弱地基上建造砖石混合结构房屋,应尽量使内外纵墙都贯通。缩小横墙的间距,能有效地改善整体性,进而增强了调整不均匀沉降的能力。不少小开间集体宿舍,尽管沉降较大,但由于其长高比较小,内外纵墙贯通,而横墙间距较小,房屋结构仍能保持完好无损。所以可以通过控制长高比和合理布置墙体来增强房屋结构的刚度。

3. 设置沉降缝

沉降缝不同于温度伸缩缝,它将建筑物连同基础分割为两个或更多个独立的沉降单元,分割出的沉降单元应具备体型简单、长高比较小、结构类型单一以及地基比较均匀等条件,即每个沉降单元的不均匀沉降均很小。建筑物的下列部位宜设置沉降缝。

(1) 复杂建筑平面的转折部位。

(2) 建筑物的高度或荷载差异处。

(3) 长高比过大的砌体承重结构或钢筋混凝土框架结构的适当部位。

(4) 地基土的压缩性有显著差异处。

(5) 建筑结构或基础类型不同处。

(6) 分期建造房屋的交接处。

沉降缝应有足够的宽度。

4. 相邻建筑物基础间应有合适的净距

由于地基附加应力的扩散作用,使相邻建筑物近端的沉降均增加。在软弱地基上,同时建造的两座建筑物之间、新老建筑物之间,如果距离太近,均会产生附加的不均匀沉降,从而造成建筑物的开裂或互倾,甚至使房屋整体横倾大大增加。

为了避免相邻建筑物影响的危害,软弱地基上的相邻建筑物要有一定的距离,间隔的距离与影响建筑物的规模和重量及被影响建筑物的刚度有关,可按表 5-6 确定。

相邻高耸结构或对倾斜要求严格的构筑物的外墙间隔距离,可根据允许值计算确定。

5. 调整某些设计标高

过大的建筑物沉降,使原有标高发生变化,严重时将影响建筑物的使用功能。根据可能产生的沉降量,采取适当的预防措施。

(1) 室内地坪和地下设施的标高,应根据预估沉降量予以提高。建筑物各部分(或设备

之间)有联系时，可将沉降较大者的标高适当提高。

(2) 建筑物与设备之间，应留有足够的净空。有管道穿过建筑物时，应预留足够尺寸的空洞，或采用柔性的管道接头等。

表 5-6　相邻建筑物基础间净距

影响建筑物的预估平均沉降量 s/mm	被影响建筑物的长高比		影响建筑物的预估平均沉降量 s/mm	被影响建筑物的长高比	
	$2.0 \leqslant \dfrac{L}{H_f} < 3.0$	$3.0 \leqslant \dfrac{L}{H_f} < 5.0$		$2.0 \leqslant \dfrac{L}{H_f} < 3.0$	$3.0 \leqslant \dfrac{L}{H_f} < 5.0$
70~150	2~3	3~6	260~400	6~9	9~12
160~250	3~6	6~9	>400	9~12	≥12

注: 1. 表中 L 为建筑物长度或沉降缝分隔单元长度(m)；H 为自基础底面起算的建筑物高度。

2. 当被影响建筑长高比为 $1.5 < L/H_f < 2.0$ 时，间隔净距可适当缩小。

5.8.2　结构措施

1. 减轻建筑物的自重

在基底压力中，建筑物的自重占很大比例。据估计，工业建筑占 50% 左右；民用建筑占 60% 左右。因此，软土地基上的建筑物，常采用以下措施减轻自重，来减小沉降量。

音频　减轻建筑物的
自重的措施.mp3

(1) 采用轻质材料，如各种空心砌块、多孔砖以及其他轻质材料以减少墙重。

(2) 选用轻型结构，如预应力钢筋混凝土结构、轻钢结构及各种轻型空间结构等。

(3) 减少基础和回填的重量，可选用自重轻、回填少的基础形式；设置架空地板代替室内回填土。

2. 减少或调整基底附加压力

(1) 设置地下室或半地下室。利用挖出的土重去抵消(补偿)一部分甚至全部的建筑物重量，以达到减小沉降的目的。如果在建筑物的某一高重部分设置地下室(或半地下室)，便可减少与较轻部分的沉降差。

(2) 改变基础底面尺寸。采用较大的基础底面积，减小基底附加压力，一般可以减小沉降量。荷载大的基础宜采用较大的底面尺寸，以减小基底附加压力，使沉降均匀。不过，应针对具体的情况，做到既有效又经济合理。

(3) 设置圈梁。对于砌体承重结构，不均匀沉降的损害突出表现为墙体的开裂。因此，实践中常在墙内设置圈梁来增强其承受挠曲变形的能力。这是防止出现开裂及阻止裂缝开展的有效措施。

当墙体挠曲时，圈梁的作用如同钢筋混凝土梁内的受拉钢筋，主要承受拉应力，弥补了砌体抗拉强度不足的弱点。当墙体正向挠曲时，下方圈梁起作用，反向挠曲时，上方圈梁起作用。而墙体发生什么方式的挠曲变形往往不容易估计，故通常在上下方都设置圈梁。另外，圈梁必须与砌体结合为整体，否则便不能发挥应有的作用。

圈梁的布置，在多层房屋的基础和顶层处宜各设置一道圈梁，其他各层可隔层设置，必要时可层层设置。单层工业厂房、仓库，可结合基础梁、连系梁、过梁等酌情设置。圈梁应设置在外墙、内纵墙和主要内横墙上，并宜在平面内连成封闭系统。如在墙体转角及适当部位，设置现浇钢筋混凝土构造柱(用锚筋与墙体拉结)，与圈梁共同作用，可更有效地提高房屋的整体刚度。另外，墙体上开洞时，也宜在开洞部位配筋或采用构造柱及圈梁加强。

(4) 采用连续基础。对于建筑体型复杂、荷载差异较大的框架结构，可采用筏形基础、箱形基础、桩基础等加强基础整体刚度，减少不均匀沉降。

5.8.3　施工措施

在软弱地基上开挖基坑和修建基础时，合理安排施工顺序，采用合适的施工方法，以确保工程质量的同时减小不均匀沉降的危害。

对于高低、轻重悬殊的建筑部位或单体建筑，在施工进度和条件允许的情况下，一般应按照先重后轻、先高后低的顺序进行施工，或在高重部位竣工后，间歇一段时间后再修建轻低部位。

带有地下室和裙房的高层建筑，为减小高层部位与裙房之间的不均匀沉降，施工时可采用后浇带断开，待高层部分主体结构完成时再连接成整体。如采用桩基，可根据沉降情况，在高层部分主体结构未全部完成时连接成整体。

在软土地基上开挖基坑时，要尽量不扰动土的原状结构，通常可在基坑底保留大约200mm 厚的原土层，待施工垫层时才临时挖除。如发现坑底软土已被扰动，可挖除扰动部分土体，用砂石回填处理。

在新建基础、建筑物侧边不宜堆放大量的建筑材料或弃土等重物，以免地面堆载引起建筑物产生附加沉降。在进行降低地下水的场地，应密切注意降水对邻近建筑物可能产生的不利影响。

✓ 本章小结

本章讲述了浅基础的分类、基础埋置深度、基础底面尺寸的确定、无筋扩展基础的设计、扩展基础设计、柱下条形基础设计、减轻不均匀沉降损害的措施等相关知识，对所涉及的技术术语的含义要有明确了解和深刻的记忆。具体内容如下。

浅基础的分类：按基础刚度分类、按基础材料分类和按基础形式分类。

基础埋置深度：与建筑物有关条件及场地环境条件、工程地质与水文地质条件和地质冻融条件。

基础底面尺寸的确定：中心荷载作用下基础尺寸、偏心荷载作用下基础尺寸。

无筋扩展基础的设计的设计内容及步骤。

扩展基础设计：适用范围、构造要求、扩展基础计算。

柱下条形基础设计：适用范围、构造要求、柱下条形基础计算。

减轻不均匀沉降损害的措施：建筑措施、结构措施和施工措施。

 实训练习

一、单选题

1. 根据《建筑地基基础设计规范》的规定，计算地基承载力设计值时必须用内摩擦角的什么值来查表求承载力系数？（　　　）

    A. 设计值　　　　　B. 标准值　　　　　C. 平均值　　　　　D. 以上都不对

2. 在进行浅基础内力计算时，应采用下述何种基底压力？（　　　）

    A. 基底净反力　　　B. 基底总压力　　　C. 基底附加压力　　D. 以上都不对

3. 砖石条形基础是属于哪一类基础？（　　　）

    A. 刚性基础　　　　B. 柔性基础　　　　C. 轻型基础　　　　D. 以上都不对

4. 浅埋基础设计时，属于正常使用极限状态验算的是(　　　)。

    A. 持力层承载力　　　　　　　　　　B. 地基变形

    C. 软弱下卧层承载力　　　　　　　　D. 地基稳定性

5. 对于四层框架结构，地基表层土存在 4m 厚的"硬壳层"，其下卧层上的承载力明显低于"硬壳层"承载力。下列基础形式中较为合适的是(　　　)。

    A. 混凝土柱下独立基础　　　　　　　B. 钢筋混凝土柱下独立基础

    C. 灰土基础　　　　　　　　　　　　D. 砖基础

二、多选题

1. 以下基础形式属浅基础的是(　　　)。

    A. 沉井基础　　　　B. 扩展基础　　　　C. 地下连续墙

    D. 地下条形基础　　E. 箱形基础

2. 下列关于浅基础的定义，正确的是(　　　)。

    A. 做在天然地基上、埋置深度小于 5m 的一般基础

    B. 在计算中基础的侧面摩阻力不必考虑的基础

    C. 基础下没有基桩或地基未经人工加固的，与埋深无关的基础

    D. 只需经过挖槽、排水等普通施工程序建造的、一般埋深小于基础宽度的基础

    E. 埋深虽超过 5m，但小于基础宽度的大尺寸的基础

3. 下列确定基础埋置深度所必须考虑的条件中，论述错误的是(　　　)。

    A. 在任何条件下，基础埋置深度都不应小于 0.5m

    B. 基础的埋置深度必须大于当地地基土的设计冻深

C. 岩石地基上的高层建筑的基础埋置深度必须满足大于1/15建筑物高度以满足抗滑稳定性的要求

D. 确定基础的埋置深度时应考虑作用在地基上的荷载大小和性质

E. 基础埋置深度可随意设置

4. 为解决新建建筑物与已有的相邻建筑物距离过近，且基础埋深又深于相邻建筑物基础埋深的问题，可以采取下列哪项措施?(　　)

A. 增大建筑物之间的距离　　　　　　B. 增大新建建筑物基础埋深

C. 在基坑开挖时采取可靠的支护措施　　D. 采用无埋式筏板基础

E. 减小建筑物之间的距离

5. 下列哪几条是减少建筑物沉降和不均匀沉降的有效措施?(　　)

A. 在适当的部位设置沉降缝

B. 调整各部分的荷载分布、基础宽度或埋置深度

C. 采用覆土少、自重轻的基础形式或采用轻质材料作回填土

D. 加大建筑物的层高和柱网尺寸

E. 设置地下室和半地下室

三、简答题

1. 何谓刚性基础? 何谓柔性基础? 它们在使用材料上有何区别?

2. 基础为何要有一定埋深? 如何确定基础埋深?

3. 基础底面积如何计算? 中心荷载与偏心荷载作用下，基础底面计算有何不同?

4. 减轻不均匀沉降的危害有哪些主要措施?

第5章习题答案.doc

实训工作单 1

班级		姓名		日期	
教学项目		浅基础的分类			
任务	现场观察对浅基础进行分类		观察学习	按基础刚度、基础材料、基础形式判别类型	
相关知识	(1)刚性基础、柔性基础。 (2)常用的基础材料包括砖、石、灰土、三合土、混凝土、毛石混凝土和钢筋混凝土等。 (3)独立基础、条形基础、十字交叉基础、筏形基础等。				
其他项目					
现场过程记录					
评语				指导教师	

实训工作单 2

班级		姓名		日期	
教学项目		现场学习条形基础施工			
学习项目	条形基础施工		学习要求		掌握条形基础施工的过程
相关知识	条形基础是指基础长度远大于其宽度的一种基础形式，可分为墙下条形基础和柱下条形基础。				
其他项目					

现场过程记录

评语			指导教师	

第 6 章　桩基础工程

第 6 章桩基础工程.pptx

【教学目标】

1. 掌握桩及桩基础的分类方法。
2. 掌握单桩竖向承载力的计算方法。
3. 理解竖向荷载群桩承载力原理。
4. 掌握桩基础设计的方法。

【教学要求】

本章要点	掌握层次	相关知识点
桩及桩基础的分类	1. 掌握按桩的施工工艺分类的方法 2. 掌握按承载性状分类的方法 3. 掌握按成桩方法分类的方法 4. 了解按桩径大小分类的方法	1. 预制桩和灌注桩 2. 摩擦桩和端承装 3. 挤土桩和非挤土桩 4. 小桩、中等直径桩和大直径桩
桩的承载力	1. 掌握单桩竖向承载力的计算方法 2. 理解竖向荷载群桩承载力原理	1. 静载荷试验 2. 竖向承载力特征值经验公式
桩基础设计	1. 了解桩形、桩长和截面确定原则 2. 掌握桩数的计算方法 3. 掌握对桩位布置的设计 4. 掌握桩基础验算的方法 5. 学会桩承台的设计方法	1. 桩形、桩长和截面 2. 桩数、桩中距和桩位布置 3. 单桩承载力验算、沉降计算 4. 桩承台设计

【案例导入】

　　2009 年 6 月 27 日清晨，上海市闵行区"莲花河畔景苑"一座在建 13 层住宅楼发生整体倒塌，桩基被整齐折断，造成一名工人死亡。经上海市城乡建设与交通委员会组织专家组调查，该楼房采用 PHC 管桩基础，桩基和楼体结构设计均符合规范要求。楼房左侧进行了地下车库基坑的开挖，开挖深度为 4.6m，右侧在短期内堆积了 10m 高的土方。

桩基础工程.mp4

结合本章内容，试分析该楼房倒塌的原因，并说明哪些情况下适用桩基础。

6.1 桩及桩基础分类

天然地基上的浅基础一般造价低廉，施工简便，所以，在工程建设中应优先考虑采用。当建筑场地的浅层土质不能满足建筑物对地基承载力和变形的要求，而又不适宜采取地基处理措施时，就要考虑采用深基础方案了。深基础是埋深较大、以下部坚实土层或岩层作为持力层的基础，其作用是把所承受的荷载相对集中地传递到地基的深层，而不像浅基础那样，是通过基础底面把所承受的荷载扩散分布于地基的浅层。深基础主要有桩基础、地下连续墙和沉井等几种类型，其中桩基础是一种最为古老且应用最为广泛的基础形式。本章主要介绍桩基础的相关内容。

音频 桩的分类.mp3

6.1.1 按桩的施工工艺分类

桩按施工工艺可分为预制桩和灌注桩两大类。

1. 预制桩的种类

预制桩是指借助于专用机械设备将预先制作好的具有一定形状、刚度与构造的构件打入、压入或振入土中的桩型。

预制桩.mp4   预制钢筋混凝土
桩.docx

1) 预制钢筋混凝土桩

预制钢筋混凝土桩最常用的是实心方桩，该桩型质量可靠，制作方便，沉桩快捷，是近几十年来应用最普遍的一种桩型。预制钢筋混凝土桩断面尺寸从 $200mm \times 200mm$ 到 $600mm \times 600mm$，可在现场制作，也可在工厂预制，每节桩长一般不超过 $12m$。分节制作的桩应保证桩头的质量，满足桩身承受轴力、弯矩和剪力的要求，接桩的方法有：钢板角钢焊接，法兰盘螺栓连接和硫黄胶泥锚固等。当采用静压法沉桩时，常用空心方桩；在软土层中亦可采用三角形断面，以节省材料，增加侧面积和摩阻力。

2) 预应力钢筋混凝土桩

预应力钢筋混凝土桩是预先将钢筋混凝土桩的部分或全部主筋作为预应力张拉，对桩身混凝土施加预应力，以提高桩的抗冲(锤)击能力与抗弯能力。预应力钢筋混凝土桩简称为预应力桩。

预应力钢筋混凝土桩与普通钢筋混凝土桩比较，其强度重量比大，含钢率低，耐冲击、耐久性和抗腐蚀性能高，以及穿透能力强，因此特别适合于用作超长桩($l > 50m$)和需要穿

越夹砂层的情况，所以是高层建筑的理想桩型之一，但制作工艺要求较复杂。

预应力桩按其制作工艺分为两类：一类是立模浇制的，断面形状为含内圆孔的正方形，称为预应力空心方桩，或简称预应力空心桩；另一类是离心法旋转制作的，断面形状为圆环形的高强预应力管桩，简称 PHC 桩。

目前常用的预应力空心方桩主要有两种规格：$500mm \times 500mm$ 和 $600mm \times 600mm$。PHC 桩常用截面外径为 $500 \sim 1000mm$，壁厚为 $90 \sim 130mm$，桩段长为 $4 \sim 15m$，钢板电焊或螺栓连接，混凝土强度达 C60～C80。

3) 钢桩

钢桩有两种：钢管桩和 H 形钢桩。

钢管桩系由钢板卷焊而成，常见直径有 $\phi 406mm$、$\phi 609mm$、$\phi 914mm$ 和 $\phi 1200mm$ 几种，壁厚通常是按使用阶段应力设计的，约 10mm 左右。

钢管桩具有强度高、抗冲击疲劳性能好、贯入能力强、抗弯刚度大、单桩承载力高、便于割接、质量可靠、便于运输、沉桩速度快以及挤土影响小等优点。但钢管桩抗腐蚀性能较差，须做表面防腐蚀处理，且价格昂贵。因此，在我国一般只在必须穿越砂层或其他桩型无法施工和质量难以保证，必须控制挤土影响，工期紧迫、重大工程等情况下才选用。

H 形钢桩系一次轧制成型，与钢管桩相比，其挤土效应更小，割焊与沉桩更便捷，穿透性能更强。H 形钢桩的不足之处是侧向刚度较弱，打桩时桩身易向刚度较弱的一侧倾斜，甚至产生施工弯曲。在这种情况下，采用钢筋混凝土或预应力混凝土桩身加 H 形钢桩尖的组合桩则是一种性能优越的桩型。实践证明，这种组合桩能顺利穿过夹块石的土层，亦能嵌入 $N_{63.5} > 50$ 的风化岩层。

4) 预制桩的施工工艺

预制桩的施工工艺包括制桩与沉桩两部分，沉桩工艺又随沉桩机械而变，主要有 3 种：锤击式、静压式和振动式。

锤击法的施工参数是不同深度的累计锤击数和最后贯入度。静压桩法的施工参数是不同深度的压桩力，它们包含着桩身穿过的土层的信息，在相似场地中积累了一定施工经验后，可以根据这些施工参数预估单桩承载力的大小，桩尖是否达到了持力层的位置，如果场地内不同区域之间施工参数出现明显变化，将预示着地基不均匀。如果个别桩施工参数出现明显变化时，可能是桩遇到了障碍物或桩身已经损坏，因此，设计确定的沉桩控制标准，有时要求设计标高和锤击贯入度双重控制。振动法是在桩顶装上振动器，使预制桩随着振动下沉至设计标高。振动法适用于砂土地基，尤其在地下水位以下的砂土，受震动使砂土发生液化，桩易于下沉。

2. 灌注桩的种类

灌注桩是指在工程现场通过机械钻孔、钢管挤土或人力挖掘等手段在地基土中形成桩孔，然后在孔内放置钢筋笼，并灌注混凝土而做成的桩。依照成孔方法不同，灌注桩分为钻(冲)孔灌注桩、人工挖孔灌注桩和沉管灌注桩等几大类。

灌注桩的种类.docx

1) 钻(冲)孔灌注桩

钻孔灌注桩(简称钻孔桩)与冲孔灌注桩(简称冲孔桩)是指在地面用机械方法取土成孔的灌注桩，主要分 3 大步：成孔、盛放钢筋笼、导管法浇灌水下混凝土成桩。水下钻孔桩在成孔过程中，通常采用具有一定重度和黏度的泥浆进行护壁，泥浆不断循环，同时完成携土和运土的任务。两者的区别仅在于前者以旋转钻机成孔，后者以冲击钻机成孔。

这种成孔工艺可穿过任何类型的地层，桩长可达100m，桩端不仅可进入微风化基岩，而且可扩底。目前常用钻(冲)孔灌注桩的直径为600mm和800mm，较大的可做到2000mm以上的大直径桩，单桩承载力和横向刚度较预制桩大大提高。

钻(冲)孔灌注桩施工过程无挤土、无(少)振动、无(低)噪声，环境影响较小，在城市建设中获得了越来越广泛的运用。

2) 人工挖孔灌注桩

人工挖孔灌注桩简称挖孔桩，是先用人力挖土形成桩孔，在向下掘进的同时，将孔壁衬砌以保证施工安全，在清理完孔底后，灌浇混凝土。这种方法可形成大尺寸的桩，满足了高层建筑对大直径桩的需求，成本较低，对周围环境也没有影响，因此，成为一些地区高层建筑和桥梁桩基础的一种常用桩型。

灌注桩.mp4

护壁可有多种方式，最早用木板钢环梁或套筒式金属壳等，现在多用混凝土现浇，整体性和防渗性更好，构造形式灵活多变，并可做成扩底。当地下水位很低、孔壁稳固时，亦可无护壁挖土。由于工人在挖土时的安全问题，挖孔桩挖深有限，最忌在含水砂层中开挖，主要适用于场地土层条件较好，在地表下不深的位置有硬持力层，而且上部覆土透水性较低或地下水位较低的情况。它可做成嵌岩端承桩或摩擦端承桩，直身桩或扩底桩，实心桩或空心桩。挖孔桩因为直径较大，相应的桩长较小，也称作为墩。

3) 沉管灌注桩和夯扩桩

沉管灌注桩又称套管成孔灌注桩，这类灌注桩是采用振动沉管打桩机或锤击沉管打桩机，将带有活瓣式桩尖，或锥形封口桩尖，或预制钢筋混凝土桩尖的钢管沉入土中，然后边灌注混凝土、边振动或边锤击、边拔出钢管而形成灌注桩。该方法具有施工方便、快捷以及造价低的优点。沉管灌注桩是国内目前应用较为广泛的一种灌注桩。

沉管灌注桩是最早出现的现场灌注桩，其施工程序如图6-1所示。

① 桩孔就位，钢管底端带有混凝土预制桩尖或钢桩尖。

② 沉管。

③ 沉管至设计标高后，立即灌注混凝土，尽量减少间隔时间。

④ 拔钢管并振捣混凝土，使桩径扩大。

⑤ 下放钢筋笼。

⑥ 再浇筑混凝土至桩顶成桩。

夯扩灌注桩是在锤击沉管灌注桩的机械设备与施工方法的基础上加以改进，增加一根内夯管，按照一定的施工工艺，采用夯扩的方式将桩端现浇混凝土扩大成大头形的种桩型，通过扩大桩端截面积和挤密地基土，使桩端土的承载力有较大幅度的提高，同时桩身混凝土在柴油锤和内夯管的压力作用下成型，避免了"缩颈"现象，使桩身质量得到保证。

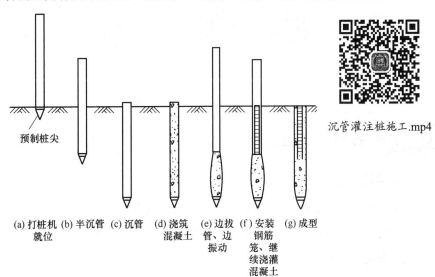

沉管灌注桩施工.mp4

(a) 打桩机就位　(b) 半沉管　(c) 沉管　(d) 浇筑混凝土　(e) 边拔管、边振动　(f) 安装钢筋笼、继续浇灌混凝土　(g) 成型

图 6-1　沉管灌注桩施工工艺

沉管灌注桩常用桩径为 325mm、377mm 和 425mm，桩长受机具限制不超过 30m，因此，单桩承载力较低，主要适用于中小型的工业与民用建筑。近年来，夯扩桩技术有了进一步的发展，研制出了 500mm、600mm 和 700mm 大直径沉管灌注桩，最大施工长度超过 40m，并可利用基岩埋深较浅的地质条件，以强风化岩层为持力层，可以得到较高的单桩承载力，因此，这类桩在高层建筑工程中也获得了应用与推广。

6.1.2　按承载性状分类

1. 摩擦型桩

摩擦桩在承载能力极限状态下，桩顶竖向荷载由桩侧阻力承受，桩端阻力小到可忽略不计，如图 6-2(a)所示。

端承摩擦桩：在承载能力极限状态下，桩顶竖向荷载主要由桩侧阻力承受，如图 6-2(b)所示。

按承载性状分.docx

2. 端承型桩

端承桩：在承载能力极限状态下，桩顶竖向荷载由桩端阻力承受，桩侧阻力较小，可忽略不计，如图 6-2(c)所示。

摩擦端承桩：在承载能力极限状态下，桩顶竖向荷载主要由桩端阻力承受，如图 6-2(d)所示。

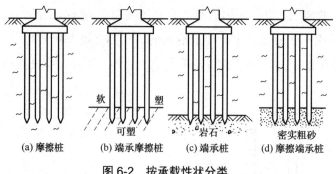

图 6-2　按承载性状分类

6.1.3　按成桩方法分类

1. 非挤土桩

成桩过程对桩周围的土无挤压作用的桩称为非挤土桩。非挤土桩根据成桩方法分为干作业法钻(挖)孔灌注桩、泥浆护壁法钻(挖)孔灌注桩、套管护壁法钻(挖)孔灌注桩。

2. 部分挤土桩

成桩过程对周围土产生部分挤压作用的桩称为部分挤土桩。部分挤土桩有下列几种：长螺旋压灌灌注桩、冲孔灌注桩、钻孔挤扩灌注桩、搅拌劲性桩、预钻孔打入(静压)预制桩、打入(静压)式敞口钢管桩、敞口预应力混凝土空心桩和 H 形钢桩。

3. 挤土桩

成桩过程中，桩孔中的土未取出，全部挤压到桩的四周，这类桩称为挤土桩。挤土桩包括沉管灌注桩、沉管夯(挤)扩灌注桩、打入(静压)预制桩、闭口预应力混凝土空心桩和闭口钢管桩。

6.1.4　按桩径大小分类

依据桩的承载性能、使用功能和施工方法的一些区别，并参考世界各国的分类界限，桩可分为下面 3 类。

1. 小直径桩

(1) 定义：桩径 $d \leqslant 250\text{mm}$ 的桩，称为小桩。
(2) 特点：由于桩径小，沉桩的施工机械、施工场地与施工方法都比较简单。
(3) 用途：小桩适用于中小型工程和基础加固。

2. 中等直径桩

(1) 定义：桩径 d 为 $250 \sim 800\text{mm}$ 的桩均称为中等直径桩。
(2) 用途：中等直径桩的承载力较大，因此，长期以来在工业与民用建筑物中大量使用。

这类桩的成桩方法和施工工艺种类很多，量大面广成为最主要的桩型。

3. 大直径桩

(1) 定义：桩径 $d \geqslant 800$mm 的桩称为大直径桩。

(2) 特点：因为桩径大，而且桩端还可扩大，因此单桩承载力高。例如，上海宝钢一号高炉采用的 $\phi914$ 钢管桩，即大直径桩。又如北京中央彩色电视中心采用的钻孔扩底桩和北京图书馆应用的人工挖孔扩底桩都是大直径桩。大直径桩多为端承型桩。

(3) 用途：通常用于高层建筑、重型设备基础。

(4) 施工要点：大直径桩每一根桩的施工质量都必须切实保证。要求对每一根桩都做施工记录，进行质量检验须将虚土清除干净，再下钢筋笼，并用商品混凝土一次浇成，不得留施工冷缝。

6.2　桩的承载力

6.2.1　单桩竖向承载力确定

单桩竖向极限承载力的概念：由于桩的承载力条件不同，桩的承载力可分为竖向承载力及水平承载力两种，其中竖向承载力又包括竖向抗压承载力和抗拔承载力。单桩竖向极限承载力是指单桩在竖向荷载作用下，不丧失稳定性，不产生过大变形时，单桩所能承受的最大荷载。因此单桩的竖向极限承载力表示单桩承受竖向荷载的能力，它主要取决于土对桩的支持力及桩身材料的强度。

单桩竖向极限承载力标准值：单桩竖向承载力标准值是用以表示设计过程中相应的桩基所采用的单桩竖向极限承载力的基本代表值。该代表值用统计方法加以处理，是具有一定概率的最大荷载值。单桩竖向极限荷载标准值的确定，为以后群桩基础的基桩竖向承载力设计值的确定打下了基础。

按土对桩的支承力确定单桩竖向极限承载力：按土对桩的支承力确定单桩承载力的方法主要有现场的静载荷试验法、经验参数法、原位测试成果的经验方法及静力分析计算法等。其中，静载荷试验确定单桩竖向承载力可靠性最好。下面介绍两种方法：静载荷试验方法和经验参数法。

1. 静载荷试验

挤土桩在设置后须隔一段时间才开始静载荷试验。这是由于打桩时土中产生的孔隙水压力有待消散，且土体因打桩扰动而降低的强度也有待随时间而部分恢复。所需的间歇时间：预制桩在砂类土中不得少于 7 d，粉土和黏性土不得少于15 d，饱和软黏土不得少于25 d。灌注桩应在桩身混凝土达到设计强度后才能进行。

在同一条件下，进行静载荷试验的桩数不宜少于总桩数的1%，且不应少于3根。

试验装置主要包括加荷稳压部分、提供反力部分和沉降观测部分。静荷载一般由安装在桩顶的油压千斤顶提供。千斤顶的反力可通过锚桩承担，如图 6-3 所示；或借压重平台上

的重物来平衡，如图 6-4 所示。量测桩顶沉降的仪表主要有百分表或电子位移计等。

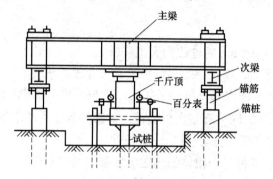

图 6-3　锚桩法加载装置

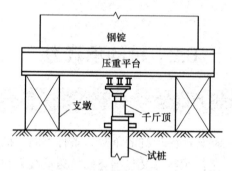

图 6-4　压重法加载装置

根据试验记录，可绘制载荷试验 $P-s$ 曲线，如图 6-5 所示。

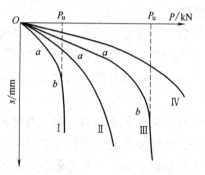

图 6-5　载荷试验 $P-s$ 曲线

单桩竖向静载荷试验的极限承载力必须进行统计分析，计算出各试验桩极限承载力的平均值。当满足其极差不超过平均值的30%时，可取其平均值为单桩竖向极限承载力 Q_u；当极差超过平均值的30%时，应增加试桩数并分析离差过大的原因，结合工程具体情况确定极限承载力 Q_u。对桩数为3根及3根以下的柱下桩台，则取最小值为单桩竖向极限承载力 Q_u。

将单桩竖向极限承载力标准值 Q_u 除以安全系数 K，作为单桩竖向承载力特征值：

$$R_a = \frac{Q_u}{K} \tag{6.1}$$

式中：R_a——单桩竖向承载力特征值，kN；

Q_u——单桩竖向极限承载力，kN；

K——安全系数，取 2.0。

2. 确定单桩竖向承载力特征值的规范经验公式

一般情况下，土对桩的支承作用由两部分组成：一部分是桩尖处土的端阻力；另一部分是桩侧四周土的摩阻力。单桩的竖向荷载是通过桩端阻力和桩侧摩阻力来平衡的。

在大量经验及资料积累的基础上，针对不同的常用桩型，推荐了单桩竖向极限承载力标准值的估算经验参数公式。按这种方法估算单桩竖向承载力特征值可按下式进行：

$$R_a = q_{pa}A_p + u_p \sum q_{sia}l_i \tag{6.2}$$

式中：R_a——单桩竖向承载力特征值，kN；

q_{pa}、q_{sia}——桩端端阻力、桩侧阻力特征值，由当地静载荷试验结果统计分析算得，当无资料时，可分别按表 6-1～表 6-5 采用；

A_p——桩底端横截面面积，m^2；

u_p——桩身周边长度，m；

l_i——第 i 层岩土的厚度，m。

表 6-1 预制桩桩端土(岩)承载力特征值 q_{pa} (kPa)

土的名称	土的状态	桩的入土深度/m		
		5	10	15
黏性土	$0.5 < I_L \leq 0.75$	400～600	700～900	900～11000
	$0.25 < I_L \leq 0.5$	800～1000	1400～1600	1600～1800
	$0 < I_L \leq 0.25$	1500～1700	2100～2300	2500～27000
粉土	$E < 0.7$	1100～1600	1300～1800	1500～2000
粉砂	中密、密实	800～1000	1400～1600	1600～1800
细砂		1100～1300	1800～2000	2100～2300
中砂		1700～1900	2600～2800	3100～3300
粗砂		2700～3000	4000～4300	4600～4900
砾砂、角砾、圆砾碎石、卵石	中密、密实		3000～5000	
			3500～5500	
			4000～6000	
软质岩石 硬质岩石	微风化		5000～7500	
			7500～10000	

注：1. 表中数值仅用作初步设计时估算。

2. 入土深度超过 15m 时按 15m 考虑。

当桩端嵌入完整及较完整的硬质岩中时，可按下式估算单桩竖向承载力特征值：

$$R_a = q_{pa}A_p \tag{6.3}$$

式中，q_{pa} 为桩端岩石承载力特征值。

表 6-2　沉管灌注桩桩端土承载力特征值 q_{pa} (kPa)

土的名称	土的状态	桩的入土深度/m		
		5	10	15
淤泥质土		100～200		
一般黏性土与粉土	$0.40<I_L\leqslant0.60$	500	800	1000
	$0.25<I_L\leqslant0.40$	800	1500	1800
	$0<I_L\leqslant0.25$	1500	2000	2400
粉砂	中密、密实	900	1100	1200
细砂		1300	1600	1800
中砂		1650	2100	2450
粗砂		2800	3900	4500
卵石	中密、密实	3000	4000	5000
软质岩石	微风化	5000～7500		
硬质岩石		7500～10000		

表 6-3　钻、挖、冲孔灌注桩桩端土承载力特征值 q_{pa} (kPa)

土的名称	土的状态	地下水位	桩的入土深度/m		
			5	10	15
一般黏性土与粉土	$0<I_L\leqslant0.25$	以上	300	450	600
	$0.25<I_L\leqslant75$		260	410	570
	$0.75<I_L\leqslant1.0$		240	390	550
		以下	100	160	220
粉细砂	中密	以上	400	700	1000
		以下	150	300	400
	密实	以上	600	900	1250
		以下	200	350	500
中砂、粗砂	中密	以上	600	1100	1600
		以下	250	450	650
	密实	以上	850	1400	1900
		以下	350	550	800

注：表列值适用于地下水位以上孔底虚土≤10cm；地下水位以下孔底回淤土≤30cm。

表 6-4　预制桩桩周土摩擦力特征值 q_{sia} (kPa)

土的名称	土的状态	q_s
填土		9～13
淤泥		5～8

续表

土的名称	土的状态	q_s
淤泥质土		9~13
黏性土	$I_L>1$	10~17
	$0.75<I_L\leq1$	17~24
	$0.5<I_L\leq0.75$	24~31
	$0.25<I_L\leq0.5$	31~38
	$0<I_L\leq0.25$	38~43
	$I_L\leq0$	43~48
红黏土	$0.75<I_L\leq1$	6~15
	$0.25<I_L\leq0.75$	15~35
粉土	$e>0.9$	10~20
	$e=0.7~0.9$	20~30
	$e<0.7$	30~40
粉细砂	稍密	10~20
	中密	20~30
	密实	30~40
中砂	中密	25~35
	密实	35~45
粗砂	中密	35~45
	密实	45~55
砾砂	中密、密实	55~65

注：1. 表中数值仅用作初步设计时估算。

2. 尚未完成固结的填土和以生活垃圾为主的杂填土，可不计其摩擦力。

表6-5　灌注桩桩周土摩擦力特征值 q_{sia} (kPa)

土的名称	土的状态	沉管灌注桩 q_s/kPa	钻、挖、冲孔灌注桩 q_s/kPa
炉灰填土	已完成自重固结		8~13
房填土、粉质黏土填土	已完成自重固结	20~30	20~30
淤泥	$\omega>\omega_L$，$e\geq1.5$	5~8	5~8
淤泥质土	$\omega>\omega_L$，$1\leq e<1.5$	10~15	10~15
黏土、粉质黏土	软塑	15~20	20~30
	可塑	20~35	30~35
	硬塑	35~40	35~40
粉土	软塑	15~25	22~30
	可塑	25~35	30~35
	硬塑	35~40	35~45

土的名称	土的状态	沉管灌注桩 q_s/kPa	钻、挖、冲孔灌注桩 q_s/kPa
粉细砂	稍密	15~25	20~30
	中密	25~40	30~40
	密实		40~60
中砂	中密	35~40	
	密实	40~50	

注：钻、挖、冲孔灌注桩 q_s 值适用于地下水位以上的情况。如在地下水位以下，可根据成孔工艺成桩周土的影响，参照采用。

6.2.2 竖向荷载群桩承载力

桩基础一般由若干根单桩组成，上部用承台连成整体，通常称为群桩。群桩基础因承台、桩、土的相互作用使其桩侧阻力、桩端阻力、沉降等性状发生变化而与单桩明显不同，承载力往往不等于各单桩承载力之和，称之为群桩效应。

端承桩组成的桩基，因桩的承载力主要是桩端较硬土层的支撑力，受压面积小，各桩间相互影响小，其工作性状与独立单桩相近，可以认为不发生应力叠加，故基础的承载力就是各单桩承载力之和。

音频 群桩按工作状态的分类.mp3

摩擦桩组成的桩基，由于桩周摩擦力要在桩周土中传递，并沿深度向下扩散，桩间土受到压缩，产生附加应力。在桩端平面，附加压力的分部直径 $D(D = 2/\tan\alpha)$ 比桩径 d 大得多，当桩距小于 D 时在桩尖处将发生应力叠加。因此，在相同条件下，群桩的沉降量比单桩的大，如图 6-6 所示。如果保持相同的沉降量，就要减少各桩的荷载(或加大桩间距)。

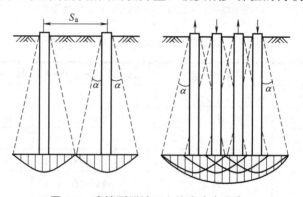

图 6-6 摩擦型群桩下土体内应力分布

影响群桩承载力和沉降量的因素较多，除了土的性质之外，主要是桩距、桩数、桩的长径比、桩长与承台宽度比、成桩方法等。可以用群桩的效率系数 η 和沉降比 ν 两个指标反应群桩的工作特性。效率系数 η 是群桩极限承载力与各单桩独立工作时极限承载力之和的比值，可用来评价群桩中单桩承载力发挥的程度。沉降比 ν 是相同荷载下群桩的沉降量与单

桩工作时沉降量的比值，可用来反应群桩的沉降特性。群桩的工作状态亦分为以下两类。

(1) 桩距 ≥ 3d 而桩数少于 9 根的端承摩擦桩，条形基础下的桩不超过两排的桩基，竖向抗压承载力为各单桩竖向抗压承载力的总和。

(2) 桩距 < 6d、桩数 ≥ 9 根的摩擦桩基，可视作一假想的实体深基础，群桩承载力即按实体从基础进行地基强度设计或验算，并验算该桩基中各单桩所承受的外力(轴心受压或偏心受压)。当建筑物对桩基的沉降有特殊要求时，应作变形验算。

【案例 6-1】

某市拟建一地标性建筑，建筑高度超过 100m。现场地质勘察主要内容如下。

地基土层共分为 6 层：表层为中密状态人工填土，层厚 1.0m；第 2 层为软塑粉质黏土，$I_L = 0.85$，层厚 2.5m；第 3 层为流塑粉质黏土，$I_L = 1.10$，层厚 2.0m；第 4 层为硬塑粉质黏土，$I_L = 0.25$，层厚为 3.0m；第 5 层为粗砂，中密状态，层厚 2.8m；第 6 层为泥质页岩，微风化，层厚大于 20m。

因地表 7m 左右地基软弱，计划采用桩基础。初步设计桩规格为：外径为 550mm，内径 390mm，钢筋混凝土预制管桩。桩长为 13m，以第 6 层泥质页岩为桩端持力层，共计 314 根桩。

问题：

结合所学知识，试计算此桩基础的单桩竖向承载力特征值。

6.3　桩基础设计

与浅基础一样，桩基础的设计也应符合安全、合理、经济的要求。对桩来说，应具有足够的强度、刚度和耐久性；对地基来说，要有足够的承载力和不产生过量的变形。考虑到桩基相应于地基破坏的极限承载力甚高，大多数桩基的首要问题在于控制沉降量。

6.3.1　确定桩型、桩长和截面

桩基设计的第一步就是根据结构类型及层数、荷载情况、地层条件和施工能力，选桩型(预制桩或灌注桩)、桩的截面尺寸和长度、桩端持力层。

桩型的选择是桩基设计的最基本环节之一，应综合考虑建筑物对桩基的功能要求、土层分布及物理性质、桩施工工艺以及环境等方面因素，充分利用各桩型的特点来适应建筑物在安全、经济及工期等方面的要求。

根据土层竖向分布特征，结合建筑物的荷载和上部结构类型等条件，选择桩端持力层，应尽可能使桩支承在承载力相对较高的坚实土层上，采用嵌岩桩或端承桩。当坚硬土层埋藏很深时，则宜采用摩擦桩基，桩端应尽量达到低压缩性、中等强度的土层上。

由桩端持力层深度可初步确定桩长，为提高桩的承载力和减小沉降，桩端全断面必须进入持力层一定的深度，对黏性土、粉土，进入的深度不宜小于两倍桩径；对砂类土不宜小于1.5倍桩径；对碎石类土不宜小于1倍的桩径。当存在软弱下卧层时，桩端以下硬持力层厚度不宜小于 $3d$。对于嵌岩桩，嵌岩深度应综合荷载、上覆土层、基岩、桩径、桩长诸因素确定；对于嵌入倾斜的完整和较完整岩的全断面深度不宜小于 $0.4d$ 且不小于0.5m，倾斜度大于30%的中风化岩，宜根据倾斜度及岩石完整性适当地加大嵌岩深度；对于嵌入平整、完整的坚硬岩和较硬岩的深度不宜小于 $0.2d$，且不应小于0.2m。

此外，同一建筑物应避免同时采用不同类型的桩，否则应用沉降缝分开。同一基础相邻的桩低标高差，对于非嵌岩端承桩不宜超过相邻桩的中心距，对于摩擦型桩，在相同土层中不宜超过桩长的1/10。

在确定桩的类型和桩端持力层后，可相应地决定桩的断面尺寸，并初步确定承台底面标高，以便计算单桩承载力。一般情况下，主要从结构要求和方便施工的角度来选择承台深度。季节性冻土上的承台埋深，应根据地基土的冻胀性考虑，并应考虑是否需要采取相应的防冻害的措施，膨胀土的承台，其埋深选择与此类似。

6.3.2 计算桩的数量进行桩位布置

1. 桩的数量估算

初步估算桩数时，先不考虑群桩效应，根据单桩竖向承载力特征值 R_a，桩数 n 可按下式估算。

(1) 轴心受压时

$$n = \frac{F_k + G_k}{R_a} \tag{6.4}$$

(2) 偏心受压时

$$n = \mu \frac{F_k + G_k}{R_a} \tag{6.5}$$

式中：F_k——相应于荷载效应标准组合时，作用于桩基承台顶面的竖向力，kN；

G_k——桩基承台自重及承台上土自重标准值，kN；

R_a——单桩竖向承载力特征值，kN；

μ——偏心受压桩基增大系数，$\mu = 1.1 \sim 1.2$。

2. 桩中心距

通常桩的中心距宜取 $(3 \sim 4)d$(桩径)。桩的间距过大，承台体积增加，造价提高；间距过小，桩的承载能力不能充分发挥，且给施工造成困难。一般桩的最小中心距应符合表 6-6 所示的规定。对于大面积桩群，尤其是挤土桩，桩的最小中心距还应按表 6-6 所列数值适当加大。

表 6-6　桩的最小中心距

土类与成桩工艺	排列不少于3排且桩数 $n \geq 9$ 根的摩擦型桩基	其他情况
非挤土和部分挤土灌注桩	3.0d	2.5d
挤土灌注桩穿越非饱和土或饱和非黏性土	4.5d	3.5d

续表

土类与成桩工艺	排列不少于3排且桩数 $n \geqslant 9$ 根的摩擦型桩基	其他情况
挤土灌注桩穿越饱和黏性土	$4.5d$	$4.0d$
挤土预制桩	$3.5d$	$3.0d$
打入式敞口管桩和 H 形钢桩	$3.5d$	$3.0d$

注：d 为圆桩直径或方桩边长。

3. 桩位布置

尽量使桩群承载力合力点与长期荷载重心重合，并使桩基受水平力和力矩较大方向即承台的长边，有较大的截面模量。桩离桩承台边缘的净距应不小于 $\frac{1}{2}d$。

同一结构单元，宜避免采用不同类型的桩。同一基础相邻桩的桩底标高差：对于非嵌岩端承型桩，不宜超过相邻桩的中心距；对于摩擦型桩，在相同土层中不宜超过桩长的1/10。

(1) 柱基——独立基础：梅花形布置，如图 6-7(a)所示；行列式布置，如图 6-7(b)所示。

(2) 条形基础：一字形布置，如图 6-7(c)所示。

(3) 烟囱、水塔基础：基础常为圆形，桩的平面布置成圆环形，如图 6-7(d)所示。

(4) 桩箱基础：宜将桩布置于内外墙下。

(5) 带梁(肋)桩筏基础：宜将桩布置于梁(肋)下。

(6) 大直径桩：宜采用一柱一桩。

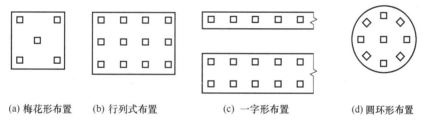

(a) 梅花形布置　　(b) 行列式布置　　　　(c) 一字形布置　　　　(d) 圆环形布置

图 6-7　桩位布置

6.3.3　桩基础验算

1. 单桩承载力验算

确定单桩承载力设计值和初步选定桩的布置以后，按照荷载效应要小于或等于抗力效应的原则验算桩基中各桩所承受的外力。

(1) 轴心受压时，按下式验算：

$$Q_{k} = \frac{F_{k} + G_{k}}{n} \leqslant R_{a} \tag{6.6}$$

(2) 偏心受压时，应满足下式要求：

$$Q_{ik \max} = \frac{F_{k} + G_{k}}{n} \pm \frac{M_{xk} y_{\max}}{\sum y_{i}^{2}} \pm \frac{M_{yk} x_{\max}}{\sum x_{i}^{2}} \leqslant 1.2 R_{a} \tag{6.7}$$

音频　承台的构造

要求.mp3

式中：Q_k——相应于荷载标准组合时，轴心竖向荷载作用下单桩所承受的竖向力，N；

F_k——相应于荷载标准组合时，作用于桩基承台顶面的竖向力，N；

G_k——桩基承台自重及承台上土自重标准值；

$Q_{ik_{\min}^{\max}}$——相应于荷载标准组合时，偏心竖向荷载作用下单桩所承受的最大或最小竖向力，N；

M_x、M_y——相应于荷载标准组合时，作用于桩群上的外力，对通过桩群形心的 x、y 轴的力矩，kN·m；

x_i、y_i——i 桩至通过桩群形心的 y、x 轴线的距离，m；

$x_{\max}$——自桩基主轴到最远桩的距离，m，如图 6-8 所示。

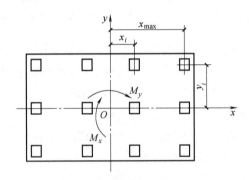

图 6-8　群桩中各桩受力验算

2. 沉降计算

1) 应进行沉降计算的情况

(1) 地基基础设计等级为甲级的非嵌岩桩和非深厚坚硬持力层的建筑桩基。

(2) 设计等级为乙级的体型复杂、荷载分布显著不均匀或桩端平面以下存在软弱土层的建筑桩基。

(3) 摩擦型桩基。

2) 计算方法

《建筑地基基础计算规范》(GB 50007—2011)规定，计算桩基沉降时可将桩基视为实体深基础，并采用单向压缩分层总和法：

$$s = \psi_p \sum_{j=1}^{m} \sum_{i=1}^{n_j} \frac{\sigma_{j,i} \Delta h_{j,i}}{E_{sj,i}} \tag{6.8}$$

式中：s——桩基最终沉降量，mm；

m——桩端平面以下压缩层范围内土层总数；

$E_{sj,i}$——桩端平面下第 j 层土第 i 分层在自重应力至自重应力加附加应力作用段的压缩模量，MPa；

n_j——桩端平面下第 j 层土的计算分层数；

$\Delta h_{j,i}$——桩端平面下第 j 层土的第 i 分层厚度，m；

$\sigma_{j,i}$——桩端平面下第 j 层土第 i 分层的竖向附加应力，kPa；

ψ_p——桩基沉降计算经验系数，各地区应根据当地的工程实测资料统计对比确定。在不具备条件时，ψ_p的取值，如表6-7所示。

表6-7 实体深基础计算桩基沉降经验系数 ψ_p

E_s/MPa	≤15	25	35	≥45
ψ_p	0.50	0.40	0.35	0.25

注：表内数值可以内插。

6.3.4 桩承台设计

桩承台设计是桩基设计的一个重要组成部分，承台应具有足够的强度和刚度，以便将上部结构的荷载可靠地传给各基桩，并将各单桩连成整体。桩承台的设计主要包括构造设计和强度设计两部分，强度设计包括抗弯、抗冲切和抗剪切计算。

按承台位置
分类.docx

(1) 桩承台的平面尺寸一般由上部结构、桩数及布桩型式决定。通常，墙下桩基做成条形承台，即梁式承台；柱下桩基宜采用板式承台(矩形或三角形)，如图6-9(a)所示。其剖面形状可做成锥形、台阶形或平板形。

① 承台厚度≥300mm，宽度≥500mm，承台边缘至边桩的中心距不小于桩的直径或边长，且边缘挑出部分≥150mm，对于条形承台梁，应≥75mm。

② 为保证群桩与承台之间连接的整体性，桩顶应嵌入承台一定长度，对大直径桩，宜≥100mm；对中等直径桩，宜≥50mm，如图6-9(c)所示。混凝土桩的桩顶主筋应伸入承台内，其锚固长度宜≥30倍钢筋直径，对于抗拔桩基，应≥40倍钢筋直径。

(2) 承台的混凝土强度等级宜≥C15，采用HRB335级钢筋时宜≥C20。

(3) 承台的配筋按计算确定。

① 对于矩形承台板，宜双向均匀配置，钢筋直径宜≥10mm，间距应满足100~200mm。

② 对于三桩承台，应按三向板带均匀配置，最里面3根钢筋相交围成的三角形应位于柱截面范围以内，如图6-9(b)所示。

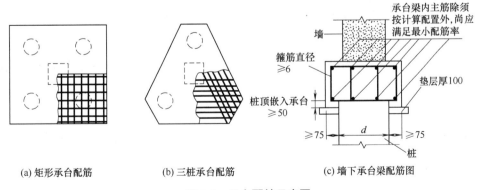

(a) 矩形承台配筋　　　(b) 三桩承台配筋　　　(c) 墙下承台梁配筋图

图6-9 承台配筋示意图

③ 台底钢筋的混凝土保护层厚度宜≥70mm，承台梁的纵向主筋应≥12mm。

④ 筏形、箱形承台板的厚度应满足整体刚度、施工条件及防水要求。对于桩布置于墙下或基础梁下的情况，承台板厚度宜≥250mm，且板厚与计算区段最小跨度之比不宜小于1/20。承台板的分布构造钢筋可用ϕ10～12@150～200mm，考虑到整体弯矩的影响，纵横两方向的支座钢筋应有1/3～1/2贯通全跨配置，且配筋率≥0.15%；跨中钢筋应按配筋率全部连通计算。

⑤ 两桩桩基的承台宜在其短向设置连系梁。连系梁顶面宜与承台顶位于同一标高，梁宽应≥200mm，梁高可取承台中心距的1/15～1/10，并配置不小于4ϕ12mm的钢筋。

⑥ 承台埋深应≥600mm，在季节性冻土、膨胀土地区宜埋设在冰冻线、大气影响线以下，但当冰冻线、大气影响线深度≥1m且承台高度较小时，应视土的冻胀、膨胀性等级分别采取换填无黏性垫层、预留空隙等隔胀措施。

(4) 桩承台的内力。

桩承台的内力可按简化计算方法确定，并按《混凝土结构设计规范》(GB 50010—2010)进行局部受压、受冲切、受剪及受弯的强度计算，防止桩承台破坏，保证工程的安全。

【案例 6-2】

某市新建砖混结构建筑，设计采用桩基础，室内外高差0.9m，底层外墙厚度490mm，承台梁埋深1.5m，荷载效应标准组合上部结构作用于承台顶面的竖向力为300kN/m；施工图单桩设计完成，采用桩径为450mm的灌注桩，由现场静载荷试验确定的单桩竖向地基承载力特征值为450kN。

问题：

结合所学知识，试设计该建筑外墙下的桩基础。

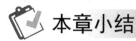 **本章小结**

本章讲述了桩及桩基础分类、桩的承载力、桩基础设计等相关知识。对所涉及的技术术语的含义要有明确了解和深刻的记忆。具体内容如下。

桩及桩基础分类：按桩的施工工艺分类、按承载性状分类、按成桩方法分类以及按桩径大小分类。

桩的承载力：单桩竖向承载力确定、竖向荷载群桩承载力。

桩基础设计：确定桩型桩长和截面、计算桩的数量进行桩位布置、桩基础验算和桩承台设计。

实训练习

一、单选题

1. 与预制桩相比，灌注桩的主要不足是( )。
   A. 截面较小　　　　　　　　　　　　B. 桩长较小
   C. 桩身质量不易保证　　　　　　　　D. 施工机具复杂

2. 在( )情况下，可认为群桩承载力为单桩承载力之和。
   A. 摩擦桩或 $S_a > 6d$ 的端承桩　　　　B. 端承桩或 $S_a < 6d$ 的摩擦型桩
   C. 端承桩或 $S_a > 6d$ 的摩擦型桩　　　D. 摩擦桩或 $S_a < 6d$ 的端承桩

3. 人工挖孔桩的孔径不得小于( )。
   A. 0.8m　　　　　B. 1.0m　　　　　C. 1.2m　　　　　D. 1.5m

4. 桩产生负摩阻力时，中性点的位置具有以下特性( )。
   A. 桩端持力层越硬，截面刚度越大，中性点位置越低
   B. 桩端持力层越硬，截面刚度越大，中性点位置越高
   C. 桩端持力层越硬，截面刚度越小，中性点位置越低
   D. 桩端持力层越软，截面刚度越大，中性点位置越低

5. 桩基承台发生冲切破坏的原因是( )。
   A. 承台有效高度不够　　　　　　　　B. 承台总高度不够
   C. 承台平面尺寸太大　　　　　　　　D. 承台底配筋率不够

二、多选题

1. 桩按施工工艺可分为( )两大类。
   A. 预制桩　　　　B. 摩擦桩　　　　C. 灌注桩
   D. 端承桩　　　　E. 挤土桩

2. 沉管灌注桩常用桩径为( )。
   A. 325mm　　　　B. 350mm　　　　C. 377mm
   D. 425mm　　　　E. 450mm

3. 对于低承台桩基础，下列情况考虑承台底土的分担荷载作用的是( )。
   A. 桥墩桩基础　　　　　　　　　　　B. 砂土中的挤土摩擦群桩
   C. 非挤土摩擦群桩　　　　　　　　　D. 软土中的挤土摩擦群桩
   E. 以上都不对

4. 为避免或减小沉桩挤土效应和对邻近建筑物、地下管线等的影响，施打大面积密集桩群时，下列辅助措施不可采取的是( )。
   A. 设置塑料排水板或袋装砂井，以消除部分超孔隙水压力
   B. 预钻孔，孔径应比桩径(或方桩对角线)大 50～100mm，以减少挤土效应
   C. 设置隔离板桩或地下连续墙

D. 打桩时由远离建筑物、地下管线一侧向建筑物、地下管线推进

E. 增加施工机具，加快打桩进度

5. 下列方法可用于对单桩竖向承载力进行判定的是(　　)。

A. 静载试桩法　　　B. 低应变试桩法　　C. 高应变试桩法

D. 钻芯法　　　　　E. 以上都不可以

三、简答题

1. 何谓摩擦桩？何谓端承桩？它们的作用有何不同？

2. 单桩竖向承载力如何确定？

3. 桩基础的设计包括哪些内容？

4. 何谓群桩？群桩效应与承台效应如何计算？

第6章习题答案.doc

实训工作单 1

班级		姓名		日期	
教学项目		现场学习静载荷试验			
任务	竖向抗压静载荷试验，确定单桩竖向极限承载力		试验准备	选择桩位；试桩加载装置；测量仪表；确定间歇时间	
相关知识	试验加载装置：锚桩横梁反力装置、压重平台反力装置、锚桩压重联合反力装置。				
其他项目					

现场过程记录

评语			指导教师	

实训工作单 2

班级		姓名		日期	
教学项目		现场学习桩基础施工			
学习项目	桩基础的现场施工		学习要求	掌握桩基础的施工工序	
相关知识	桩按施工工艺可分为预制桩和灌注桩两大类；摩擦桩、端承桩等。				
其他项目					

现场过程记录

评语			指导教师	

第 7 章　软弱地基处理

【教学要求】

本章要点	掌握层次	相关知识点
换土垫层法	1. 了解换土垫层法的相关知识 2. 掌握垫层的设计方法	1. 垫层厚度设计 2. 垫层宽度确定
预压(排水)固结法	1. 了解预压法的相关知识 2. 掌握袋装砂井堆载预压法 3. 掌握真空预压法 4. 掌握预压法质量检测的内容	1. 相关施工工序及施工要点 2. 质量检验和监测及竣工验收
机械压实法	1. 了解机械压实法的相关知识 2. 了解分层碾压法的概念 3. 了解振动压实法的概念	1. 土的压实原理 2. 击实试验 3. 击实曲线
强夯法	1. 了解强夯法的相关知识 2. 掌握强夯法的施工方法	1. 动力密实机理 2. 动力固结机理 3. 动力置换机理
挤密法	1. 了解挤密法的相关知识 2. 掌握土或灰土桩挤密法 3. 掌握砂石桩挤密法	1. 挤密法加固机理 2. 土桩和灰土桩的设计 3. 砂石桩的设计
化学加固法	1. 掌握化学加固法的相关知识 2. 了解灌浆法的相关知识 3. 了解高压喷射注浆法的相关知识 4. 了解深层搅拌法的相关知识	1. 化学浆液材料 2. 灌浆法设计要求 3. 高压喷射注浆法分类 4. 深层搅拌法施工工艺

某市新建住宅工程为砖混结构，承重墙下为条形基础，宽1.2m，埋深1.0m，上部建筑物作用于基础的荷载为120kN/m²，基础的平均重度为20kN/m³。地基表层为粉质黏土，厚度为1.0m，重度为17.5kN/m³；第二层为淤泥，厚度为15m，重度为17.8kN/m³，地基承载力特征值 $f_{ak}=50\text{kPa}$；第三层为密实的砂砾石。地下水距离地表1.0m。

因为地基较软弱，不能承受建筑物荷载，结合本章内容，试设计垫层。

7.1 软弱地基处理概述

建筑物是通过基础修筑在地基土之上的。由于建筑物上部结构材料强度很高，而地基土的强度相对较低、压缩性较大，因此必须设置一定结构形式和尺寸的基础，使地基的强度和变形满足设计的要求。如果天然地基很软弱，不能满足地基强度和变形等要求，则要对地基进行人工处理后再建造基础，这种人工处理方法称为地基处理。

建筑物地基一般面临强度和稳定性问题、变形问题、渗漏问题、液化问题。当建筑物的天然地基存在上述问题之一或几个时，需要对其进行地基处理。天然地基通过地基处理形成人工地基，从而满足建筑物对地基的各种要求。地基处理除用于新建工程的软弱和特殊土地基外，也作为事后补救措施用于已建工程地基加固。

软弱地基处理.mp4

地基处理的目的是利用换填、夯实、挤密、排水、胶结、加筋和热化学等方法对地基土进行加固，用以改良地基土的工程特性，主要包括以下几方面。

地基面临的
问题.docx

(1) 改善强度特性。地基的剪切破坏表现在建筑物的地基承载力不够，如偏心荷载及侧向土压力的作用使结构物失稳；填土或建筑物荷载使邻近地基产生隆起；土方开挖时边坡失稳；基坑开挖时坑底隆起。因此，为了防止剪切破坏，需要采取一定的措施以增加地基的抗剪强度。

(2) 改善压缩特性。地基的高压缩性表现为建筑物的沉降和差异沉降大，如填土或建筑物荷载使地基产生固结沉降；建筑物基础的负摩擦力引起建筑物的沉降；基坑开挖引起邻近地基沉降；降水产生地基固结沉降。因此，需要采取措施以提高地基土的压缩模量，以减少地基的沉降或不均匀沉降；另外，防止侧向流动(塑性流动)产生的剪切变形，也是地基处理的目的。

(3) 改善透水特性。地基的透水性表现在堤坝等基础产生的地基渗漏，如市政工程开挖过程中，因土层内常夹有薄层粉砂或粉土而产生流砂和管涌。地下水的运动会使地基出现

一些问题，为此，需要采取一定的措施使地基土变成不透水层或降低其水压力。

(4) 改善动力特性。地基的动力特性表现：在地震时，饱和松散粉细砂(包括部分粉土)将产生液化，如交通荷载或打桩等原因使邻近地基产生振动下沉。为此，需要研究采取何种措施防止地基土液化，并改善其振动特性以提高地基的抗震性能。

(5) 改善特殊土的不良地基特性。如采取措施以消除或减少黄土的湿陷性和膨胀土的胀缩性等。

7.2 换土垫层法

当软弱土地基的承载力和变形满足不了建筑物的工程技术要求，而软弱土层的厚度又不是很大时，将基础底面下处理范围内的软弱土层部分或全部挖去，然后分层换填强度较大的砂、砂石、素土、灰土、高炉干渣、粉煤灰等其他性能稳定、无侵蚀性的材料，同时以人工或机械方法分层压、夯振动，使其达到要求的密实度，成为良好的人工地基。这种地基处理方法称为换土垫层法，也称换填法。

7.2.1 概述

换填法适用于浅层地基处理，包括淤泥、淤泥质土、松散素填土、杂填土和吹填土等地基以及暗塘、暗浜、暗沟等，还有低洼区域的填筑。换填法还适用于一些地域性特殊土，如膨胀土、湿陷性黄土、季节性冻土的处理。

换填法具的主要用途如下。

(1) 提高地基承载能力。

(2) 减少沉降量。

(3) 加速软弱土层的排水固结。

(4) 防止冻胀。

(5) 消除膨胀土的胀缩作用。

7.2.2 垫层设计

垫层的设计关键是决定其回填土厚度 z 和宽度 b'。既要求有足够的厚度以置换部分软弱土层，又要求有足够大的宽度以防止砂垫层向两侧挤出。

1. 垫层厚度的确定

垫层的厚度 z 应根据需置换软弱土的深度或下卧土层的承载力确定，并应符合下式要求：

$$p_z + p_{cz} \leqslant f_{az} \tag{7.1}$$

式中：p_z——相应于荷载效应标准组合时，标准组合下为标准值，其与设计值是两个概念，kPa；

p_{cz}——垫层底面处土的自重压力标准值，kPa；

f_{az}——垫层底面处经深度修正后的地基承载力特征值，kPa。

垫层底面处的附加压力值 p_z，也可按压力扩散 θ 简化计算。

①条形基础：$p_z = \dfrac{b(p_k - p_c)}{b + 2z \cdot \tan\theta}$

②矩形基础：$p_z = \dfrac{b \cdot l(p_k - p_c)}{(b + 2z \cdot \tan\theta)(l + 2z \cdot \tan\theta)}$

式中：b——矩形基础或条形基础底面的宽度，m；

l——矩形基础底面的长度，m；

p_k——相应于荷载效应标准组合时，基础底面处的平均压力，kPa；

z——基础底面下垫层的厚度，m；

θ——垫层的压力扩散角，°。

垫层的压力扩散角 θ 可按表 7-1 取值。

表 7-1　垫层的压力扩散角 θ

换填材料 z/b	中砂、粗砂、砾砂、圆砾、角砾、 石屑、卵石、碎石、矿渣	黏性土和粉土 （8< l_P <14）	灰　土
0.25	20°	6°	28°
≥0.50	30°	23°	28°

注：1. 当 $\dfrac{z}{b} < 0.25$ 时，除灰土取 $\theta = 28°$ 外，其余材料均取 0°，必要时，宜由试验确定。

2. 当 $0.25 < \dfrac{z}{b} < 0.50$ 时，θ 值可内插求得。

3. 土工合成材料加筋垫层其压力扩散角宜由现场静载荷试验确定。

其中，换填垫层的厚度不宜小于 0.5m，否则作用不显著、效果差；也不宜大于 3m，否则工程量大、不经济、施工难。具体设计时，可根据下卧土层的地基承载力，先假设一个垫层的厚度，然后按式(7.1)进行验算，若不符合要求，则改变厚度重新验算，直至满足设计要求为止。

2. 垫层宽度的确定

关于垫层宽度的计算，目前还缺乏可行的理论方法，在实践中常常按照当地某些经验数据(考虑砂垫层两侧土的性质)或按经验方法确定。常用的经验方法是扩散角法，垫层的宽度应满足基底应力扩散的要求，根据垫层侧面土的承载力，防止垫层向两侧挤出。

1) 垫层的顶宽

垫层顶面每边宜超出基础底边不小于 300mm，或从垫层底面两侧向上，按当地开挖基坑经验的要求放坡，如图 7-1 所示。

2) 垫层的底宽

垫层的底宽按下式计算或据当地经验确定。

$$b' \geqslant b + 2z\tan\theta \tag{7.2}$$

式中：b'——垫层底面宽度，m；

z——基础底面下垫层的厚度，m；

θ——垫层的压力扩散角，可按表 7-1 采用，当 $\dfrac{z}{b} < 0.25$ 时，仍按表 7-1 中 $\dfrac{z}{b} = 0.25$ 取值。

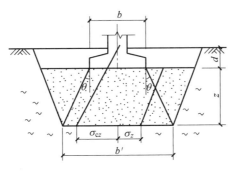

图 7-1 垫层的尺寸设计

【案例 7-1】

某房地产公司拟建住宅工程，工程为四层砖混结构，承重墙下为条形基础，宽 1.2m，埋深 1m，上部建筑物作用于基础的荷载 120kN/m，基础的平均重度为 20kN/m³。地基土表层为粉质黏土，厚 1m，重度为 17.5kN/m³；第二层为淤泥质黏土，厚为 15m，重度为 17.8kN/m³，含水量 $\omega = 65\%$；第三层为密实的砂砾石。地下水距地表为 1m。

问题：

因为地基土较软弱，不能承受建筑物的荷载，结合所学知识，试设计砂垫层。

7.3 预压(排水)固结法

预压固结法亦称排水法，是通过在天然地基中设置竖向排水体(砂井或塑料排水板)和水平向排水体，利用建(构)筑物自身质量分级逐渐加载，或在建(构)筑物建造前先对地基进行加载预压，根据地基土排水固结的特性，使土体提前完成固结沉降，从而增加地基强度的一种软土地基加固方法。

7.3.1 概述

1. 主要用途

预压法的主要用途包括以下几方面。

(1) 使地基沉降在加载预压期间基本完成或大部分完成，减少竣工后地基的不均匀沉降。

(2) 通过排水固结，加速增加地基土的抗剪强度，提高地基的承载力和稳定性。

(3) 消除欠固结软土地基中桩基承受的负摩擦力等。

预压法适用于处理深厚的淤泥、淤泥质土和充填土等饱和黏性土地基。

音频　预压法的
用途.mp3

2. 预压法原理

为了达到排水固结效果，预压(排水)固结法必须由排水系统和加压系统两部分共同组成。设置排水系统的目的在于改变地基原有的排水边界条件，增加孔隙水排出的途径，缩短排水距离，加快排水速度，使地基在预压期间尽快完成设计要求的沉降量，并及时提高地基土强度。该系统由水平排水垫层和竖向排水体构成。设置加压系统的目的是对地基施加预压荷载，使地基土孔隙中的水产生压力差，从饱和地基中自然排出，使地基土固结完成压缩。

3. 预压法分类

预压法可以分为以下两类。

1) 堆载预压法

1943年美国首次用堆载预压法处理沼泽地段路基获得成功。堆载材料一般用砂石或填土；油罐通常用充水预压；堤坝以自重分级加载预压。

2) 真空预压法

因堆载需大量土石材料外运，1952年，瑞典皇家地质学院提出真空预压法。1958年，美国费城国际机场跑道扩建工程应用真空预压法成功，利用大气压力代替实际土石加压。

堆载预压法特别适用于存在连续薄砂层的地基，但只能加速主固结而不能减少次固结，对有机质和泥炭等次固结土，不宜只采用堆载预压法，可以利用超载的方法来克服次固结。真空预压法适用于能在加固区形成(包括采取措施后形成)稳定负压边界条件的软土地基。真空预压法、降低地下水位法和电渗排水法由于不增加剪应力，地基不会产生剪切破坏，所以适用于很软弱黏土地基的排水固结处理。

4. 预压法的发展

(1) 真空预压法代替堆载预压法，可节省大量的工程量和工程造价。

(2) 袋装砂井代替砂井，可节省几倍砂料，且可避免砂井成孔时缩颈，提高质量，加快速度。

(3) 塑料排水带代替袋装砂井，使投资与工期进一步减小。

7.3.2　袋装砂井堆载预压法

堆载预压法是用填土等加荷对地基进行预压，是通过增加总应力 σ，并使孔隙水压力 u 消散来增加有效应力 σ' 的方法。堆载预压是在地基中形成超静水压力的条件下排水固结，称为正压固结。

堆载预压，根据土质情况分为单级加荷或多级加荷；根据堆载材料分为自重预压、加荷预压和加水预压。堆载一般用填土、碎石等散粒材料；油罐通常用充水对地基进行预压。对堤坝等以稳定为控制的工程，则以其本身的重量有控制地分级逐级加载，直至设计标高；有时也采用超载预压的方法来减少堤坝使用期间的沉降。

袋装砂井堆载预压法.docx

软土在我国沿海和内陆地区都有相当大的分布范围。软土地基具有高压缩性、低渗透性、固结变形持续时间长等特点，排水固结是软土地基进行处理的有效方法。袋装砂井技术就是通过在软土地基中设置竖向排水以改变原有地基的边界条件，增加孔隙水的排出途径，大大缩短软基的固结时间，从而达到使原有地基满足使用要求的目的。

袋装砂井堆载预压地基是在软弱地基中用钢管打孔，装入砂袋作为竖向排水通道并在其上部设置砂砾垫层，作为水平排水通道。在砂砾垫层上压载以增加土中附加应力，使土体中孔隙水较快地通过袋装砂井和砂砾垫层排出，从而加速土体固结，使地基得到加固。

袋装砂井堆载预压地基可加速饱和软黏土的排水固结，使沉降及早完成和稳定，同时可大大提高地基的抗剪强度和承载力，防止地基土发生滑动破坏。该工艺施工机具简单，可就地取材，缩短了施工周期，降低了施工造价。

袋装砂井固结排水法的施工工序如下。

(1) 整平原地面。若原地面为稻田、藕田或荒地，应在路基两侧开沟排干地表水，清除表面杂草，平整地面。若原地面为鱼塘，应抽干塘水，清除表层淤泥50～100cm，后换填砂。

(2) 摊铺下层砂垫层。在整平的地面或经换填砂后的鱼塘上摊铺30cm厚的砂垫层，砂垫层应延伸出坡脚外1m，确保排水畅通。

(3) 现场灌砂成井。按照砂井平面位置图(砂桩间距为1.5m)，将打桩机具定位在砂井位置。打入套管，套管打入长度为砂井长度加30cm砂垫层。砂袋灌入砂后，露天放置并应有遮盖，忌长时间暴晒，以免砂袋老化。砂井可用锤击法或振动法施工。导管应垂直，钢套管不得弯曲，沉桩时应用经纬仪或垂球控制垂直度。

(4) 土工格栅、土工布铺设。砂井施工完成后，平整好原砂垫层。将土工格栅平整地铺设在砂垫层上，最大拉力方向应沿横断面方向铺设，接头处采用铅丝绑扎。

在土工格栅上铺20cm砂垫层，伸出的砂袋应竖直埋设在砂垫层内，不得卧倒。在20cm砂垫层上铺设土工布，沿路堤横向铺设，土工布两端施以不小于5kN/m的预拉力，在路基两侧挖沟锚固。土工布之间采用缝接，缝接长度为15cm。

7.3.3 真空预压法

真空预压是指在软土地基中打设竖向排水体后，在地面铺设排水用砂垫层和抽气管线，然后在砂垫层上铺设不透气的封闭膜使其与大气隔绝，再用真空泵抽气，使排水系统维持较高的真空度，利用大气压力作为预压荷载，增加地基的有效应力，以利于土体排水固结。

真空预压适用于均质黏性土及含薄粉砂夹层黏性土等，尤其适用于新吹填土地基的加固。对于在加固范围内有足够补给水源的透水层，而又没有采取隔断措施时，不宜采用

该法。

真空预压处理地基必须设置排水竖井。设计内容包括：竖井断面尺寸、间距、排列方式和深度的选择；预压区面积和分块大小；真空预压工艺；要求达到的真空度和土层的固结度；真空预压和建筑物荷载下地基的变形计算；真空预压后地基土的强度增长计算等。

真空预压法.docx

真空预压法的施工要点如下。

(1) 真空预压的抽气设备宜采用射流真空泵，空抽时必须达到95kPa以上的真空吸力，真空泵的设置应根据预压面积大小和形状、真空泵效率和工程经验确定，但每块预压区至少应设置两台真空泵。

(2) 真空管路设置应符合如下规定：真空管路的连接应严格密封，在真空管路中应设置止回阀和截门；水平向分布滤水管可采用条状、梳齿状及羽毛状等形式，滤水管布置宜形成回路；滤水管应设在砂垫层中，其上覆盖厚度100~200mm的砂层；滤水管可采用钢管或塑料管，外包尼龙纱或土工织物等滤水材料。

(3) 密封膜应符合如下要求：密封膜应采用抗老化性能好、韧性好、抗穿刺性能强的不透气材料；密封膜热合时宜采用双热合缝的平搭接，搭接宽度应大于15mm；密封膜宜铺设3层，膜周边可采用挖沟埋膜、平铺并用黏土覆盖压边、围埝沟内及膜上覆水等方法进行密封；地基土渗透性强时应设置黏土密封墙。黏土密封墙宜采用双排水泥土搅拌桩。搅拌桩直径不宜小于700mm。当搅拌桩深度小于15m时，搭接宽度不宜小于200mm，当搅拌桩深度大于15m时，搭接宽度不宜小于300mm。成桩搅拌应均匀，黏土密封墙的渗透系数应满足设计要求。

7.3.4　预压法质量检测

1. 质量检验和监测

施工过程中，质量检验和监测包括下列内容。

(1) 对塑料排水带应进行纵向通水量、复合体抗拉强度、滤膜抗拉强度、滤膜渗透系数和等效孔径等性能指标现场随机抽样测试。

(2) 对不同来源的砂井和砂垫层砂料，应取样进行颗粒分析和渗透性试验。

(3) 对以地基抗滑稳定性控制的工程，应在预压区内预留孔位，在加载不同阶段进行原位十字板剪切试验和取土进行室内土工试验；加固前的地基土检测，应在打设塑料排水带之前进行。

(4) 对预压工程，应进行地基竖向变形、侧向位移和孔隙水压力等监测。

2. 竣工验收检验

(1) 排水竖井处理深度范围内和竖井底面以下受压土层，经预压所完成的竖向变形和平均固结度应满足设计要求。

(2) 应对预压的地基土进行原位试验和室内土工试验。原位试验可采用十字板剪切试验或静力触探,检验深度不应小于设计处理深度。

原位试验和室内土工试验,应在卸载3~5d后进行。检验数量按每个处理分区不少于6点进行检测,对于堆载斜坡处应增加检验数量。

竣工验收后的地基承载力必须达到设计要求的标准,检验数量按每个处理分区不应少于3点进行检测。

7.4 机械压实法

7.4.1 概述

1. 适用范围

当建筑物建筑在填土上,为了提高地基土的强度,减小其压缩性和渗透性,增加土的密实度,经常要采用夯打、振动或碾压等方法使地基土得到压实,从而保证地基和土工建筑物的稳定。碾压法用于地下水位以上填土的压实;振动压实法用于振实非黏性土或黏粒含量少、透水性较好的松散填土地基;(重锤)夯实法主要适用于稍湿的杂填土、黏性土、砂性土、湿陷性黄土和碎石土、砂土、粗粒土与低饱和度细粒土的分层填土等地基。

2. 土的压实原理

(1) 最优含水率与最大干密度。

黏性土进行压实时,土太湿或太干都不能把土压实,只有在适当的含水率范围内才能压实。黏性土在某种压实功能作用下,达到最密时的含水率,称为最优含水率,对应的干密度称为最大干密度。各类土的矿物成分与粒径级配不同,其最大干密度与最优含水率也不相同。

(2) 击实试验。

可用击实试验测定最大干密度与最优含水率的数值。

通过击实试验,以干密度 ρ_d 为纵坐标,以含水率 ω 为横坐标,绘制 $\rho_d - \omega$ 关系曲线。取曲线峰值相应的纵坐标,为试样的最大干密度 $\rho_{d\max}$,其对应的横坐标,即为试样的最优含水率 ω_{opt},如图 7-2 所示。

音频 击实试验测定最大干密度与最优含水率的原理.mp3

如图 7-2(a)所示:当土的含水率很低时,土的干密度 ρ_d 随着含水率 ω 的增大而增大,$\rho_d - \omega$ 曲线向上;但当 $\omega > \omega_{opt}$ 后,ρ_d 随 ω 的增大反而降低,$\rho_d - \omega$ 曲线向下弯曲。

原理分析:当土中含水率很低时,土中只有强结合水,受电分子力的吸引,阻止土颗粒的移动,使土难以压实。当含水率适当增大时,土中的结合水变厚,电分子吸引力减弱,水起到润滑作用,使土粒容易移动而压实。但当土中含水率较高时,土中存在不少自由水;在击实的短暂时间内,自由水无法排出而占有相当的体积,因而固体占有的体积相应减少,使土的干密度下降。

(3) 黏性土的最优含水率 $\omega_{opt} = \omega_p + (1\% \sim 2\%)\omega_p$ 。

(4) 影响黏性土压实的因素还有压实功能大小与土的粒径级配。同一种土的压实功能加大，则其最大干密度增大，相应的最优含水率降低，如图 7-2(b)所示的三条曲线。对黏粒含量高或塑性指数大的黏性土，其 ρ_{dmax} 较低，相应的 ω_{opt} 较高。

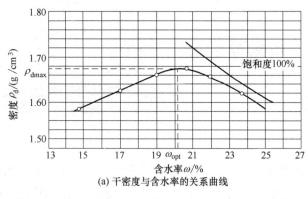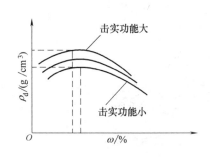

(a) 干密度与含水率的关系曲线

(b) 击实功能对击实曲线的影响

图 7-2　击实曲线

(5) 砂土的击实性能与黏性土不同。由于砂土的粒径大，孔隙大，结合水的影响微小，总的说比黏性土容易压实。干砂在压力与振动作用下容易压实；稍湿的砂土，因水的表面张力作用，使砂粒相互靠紧，阻止其移动，压实效果稍差，如充分洒水，饱和砂土表面张力消失，压实效果又变良好。

7.4.2　分层碾压法

分层碾压法是用压路机、推土机或羊足碾等机械，在需压实的场地上，按计划与次序往复碾压，分层铺土，分层压实。这种方法适用于地下水位以上，大面积回填压实，也可用于含水率较低的素填土或杂填土地基处理，例如，修筑堤坝、路基。

分层碾压法.mp4

压实效果：根据一些地区经验，用 80～120kN 的压路机碾压杂填土，压实深度为 30～40cm，地基承载力可采用 80～120kPa 。

7.4.3　振动压实法

振动压实是一种在地基表面施加振动把浅层松散土振密的方法，主要的机具是振动压实机。这种方法主要用于处理杂填土、湿陷性黄土、炉渣、细砂、碎石等类土，振动压实的效果与被压实土的成分和振压时间有关。且在开始时振密作用较为显著、随时间的推移变形渐趋于稳定。在施工时应先进行现场试验测试，根据振实的要求确定振压的时间。

7.5 强 夯 法

7.5.1 概述

　　强夯法又名动力固结法或动力压实法。这种方法是反复将夯锤提到一定高度使其自由落下(落距一般为10~40m)，给地基以冲击和振动能量，从而提高地基的承载力，降低土的压缩性、改善砂土的抗液化条件、消除湿陷性黄土的湿陷性等。采用强夯法或强夯置换法处理的地基称为夯实地基。

强夯法.docx　　　　强夯法.mp4

　　强夯法具有施工工艺和施工设备简单、适用土质范围广、加固效果显著，可取得较高的承载力、工效高、施工速度快、节省加固原材料、施工费用低、耗用劳动力少等优点，在我国发展迅速。强夯法还可改善地基土液化性能和消除湿陷性黄土的湿陷性，同时，夯击还提高了土的均匀程度，减少可能出现的差异沉降。其适用于处理碎石土、砂土、低饱和度的粉土与黏性土、湿陷性黄土、素填土和杂填土等地基。

7.5.2 强夯法施工

1. 强夯法加固地基的机理

1) 动力密实机理

　　强夯加固多孔隙、粗颗粒、非饱和土为动力密实机理，即强大的冲击能强制超压密地基，使土中气相体积大幅度减小。

2) 动力固结机理

　　强夯加固细粒饱和土为动力固结机理，即强大的冲击能与冲击波破坏土的结构，使土体局部液化并产生许多裂隙，作为孔隙水的排水通道，加速土体固结土体发生触变，强度逐步恢复。

3) 动力置换机理

　　强夯加固淤泥为动力置换机理，即强夯将碎石整体挤入淤泥成整式置换或间隔夯入淤泥成桩式碎石墩。

2. 施工规定

1) 根据《建筑地基处理技术规范》可知

　　强夯夯锤质量可取10~60t，其底面形式宜采用圆形或多边形，锤底面积宜按土的性质确定，锤底静接地压力值可取25~80kPa，单击夯击能高时取大值，单击夯击能低时取小值，对于细颗粒土锤底静接地压力宜取较小值。锤的底面宜对称设置若干个与其顶面贯通的排气孔，孔径可取300~400mm。

2) 强夯法施工步骤

(1) 清理并平整施工场地。

(2) 标出第一遍夯点位置，并测量场地高程。

(3) 起重机就位，夯锤置于夯点位置。

(4) 测量夯前锤顶高程。

(5) 将夯锤起吊到预定高度，开启脱钩装置，待夯锤脱钩自由下落后，放下吊钩，测量锤顶高程，若发现因坑底倾斜而造成夯锤歪斜时，应及时将坑底整平。

(6) 重复步骤(5)，按设计规定的夯击次数及控制标准，完成一个夯点的夯击。当夯坑过深出现提锤困难，又无明显隆起现象，而尚未达到控制标准时，宜将夯坑回填不超过 1/2 深度后，继续夯击。

(7) 换夯点，重复步骤(3)～(6)，完成第一遍全部夯点的夯击。

(8) 用推土机将夯坑填平，并测量场地高程。

(9) 在规定的间隔时间后，按上述步骤逐次完成全部夯击遍数，最后用低能量满夯，将场地表层松土夯实，并测量夯后场地高程。

【案例 7-2】

某市经济开发区一外资企业，拟新建一幢办公楼，经现场岩土工程勘察，地表为耕植土，厚度为 0.8m；第二层为松散粉砂，厚度为 7m；第三层为卵石，层厚 8m。地下水距地表为 1.5m。

问题：

考虑采用强夯加固地基，结合所学知识，试设计锤重与落距。

7.6 挤 密 法

7.6.1 概述

1. 加固机理

挤密法是以振动、冲击或带套管等方法成孔，然后向孔中填入砂、石、土(或灰土、二灰)、石灰或其他材料，再加以振实而成为直径较大桩体的方法。挤密桩属于柔性桩，它主要靠桩管打入地基时对地基土的横向挤密作用，在一定的挤密功能作用下土粒彼此移动，小颗粒填入大颗粒的孔隙，颗粒间彼此紧靠，孔隙减小，此时土的骨架作用随之增强，

振冲挤密法.docx

从而使土的压缩性减小和抗剪强度提高。由于桩身本身具有较高的承载能力和较大的变形模量，且桩体断面较大，约占松软土加固面积的 20%～30%，故在黏性土地基加固时，桩体与桩周土组成复合地基，可共同承担建筑物的荷载。

2. 分类及适用范围

挤密桩按其填入材料的不同分别称为砂石桩、土桩、灰土桩等。

砂石桩法：适用于挤密松散砂土、粉土、黏性土、素填土、杂填土等地基以及可液化地基。

土或灰土桩挤密法：适用于处理地下水位以上的湿陷性黄土、素填土、杂填土、黏性土等地基，地基处理深度一般在 5~10m。若地基土的含水率 $\omega > 23\%$ 及饱和度 $S_r > 0.65$ 时，难以挤密，不宜选用此法。

值得注意的是，挤密砂桩的"砂桩"与堆载预压的"砂井"在作用上也是有区别的，砂桩的作用主要是地基挤密，因而桩径较大，桩距较小；而砂井的作用主要是排水固结，所以井径较小，井距较大。

7.6.2　土或灰土桩挤密法

1. 土桩和灰土桩的设计

1) 桩孔直径

桩孔直径根据工程量、挤密效果、施工设备、成孔方法及经济等情况而定，一般选用直径为 300~450mm。

2) 桩长

桩长根据土质情况、桩处理地基的深度、工程要求和成孔设备等因素确定，一般为 5~15m。

3) 桩距和排距

桩孔一般按等边三角形布置，桩孔之间的中心距离，可为桩孔直径的 2.0~2.5 倍，也可按下式估算。

$$s = 0.95d \sqrt{\frac{\overline{\lambda}_c \rho_{d\max}}{\overline{\lambda}_c \rho_{d\max} - \overline{\rho}_d}} \tag{7.3}$$

式中：s——桩孔之间的中心距离，m；

$\quad\quad d$——桩孔直径，m；

$\quad\quad \overline{\lambda}_c$——桩间土经成孔挤密后的平均挤密系数，不宜小于 0.93。

$\quad\quad \rho_{d\max}$——桩间土的最大干密度，t/m³；

$\quad\quad \overline{\rho}_d$——地基处理前土的平均干密度，t/m³；

桩孔的数量可按下式估算：

$$n = \frac{A}{A_e} \tag{7.4}$$

$$A_e = \frac{\pi d_e^2}{4} \tag{7.5}$$

式中：n——桩孔的数量；

A ——拟处理地基的面积，m^2；

A_e ——单根土或灰土挤密桩所承担的处理地基面积，m^2；

d_e ——单根桩分担的处理地基面积的等效圆直径，m。

桩孔按等边三角形布置时，有 $d_e = 1.05s$；桩孔按正方形布置时，有 $d_e = 1.13s$。

4) 处理范围

灰土挤密桩和土挤密桩处理地基的面积，应大于基础或建筑物底层平面的面积，并应符合下列规定：当采用局部处理时，对非自重湿陷性黄土、素填土和杂填土等地基，每边不应小于基底宽度的 0.25 倍，并不应小于 0.5m；对自重湿陷性黄土地基，每边不应小于基底宽度的 0.75 倍，并不应小于 1m。当采用整片处理时，超出建筑物外墙基础底面外缘的宽度，每边不宜小于处理土层厚度的 1/2，并不应小于 2m。

5) 填料和压实系数

桩孔内的填料，应根据工程要求或处理地基的目的确定，桩体的夯实质量宜用平均压实系数 $\overline{\lambda}_c$ 控制。

当桩孔内用灰土或素土分层回填、分层夯实时，桩体内的平均压实系数 $\overline{\lambda}_c$ 值，均不应小于 0.96。消石灰与土的体积配合比，宜为 2：8 或 3：7。

6) 承载力和变形模量

灰土挤密桩和土挤密桩复合地基承载力特征值，应通过现场单桩或多桩复合地基载荷试验确定。初步设计当无试验资料时，可按当地经验确定，但对于灰土挤密桩复合地基的承载力特征值，不宜大于处理前的 2 倍，并不宜大于 250kPa；对于土挤密桩复合地基的承载力特征值，不宜大于处理前的 1.4 倍，并不宜大于 180kPa。

7) 变形计算

灰土挤密桩和土挤密桩复合地基的变形计算，应符合现行国家标准《建筑地基基础设计规范》(GB 50007—2011)的有关规定，其中复合土层的压缩模量，可采用载荷试验的变形模量代替。

2. 土桩和灰土桩的施工

(1) 成孔方法：应按设计要求和现场条件选用振动沉管、锤击沉管或冲击等方法成孔，使素土向桩孔周围挤密。

(2) 地基土湿度宜接近最优含水率 ω_{opt}，当含水率 $\omega < 12\%$ 时，宜加水增湿至 ω_{opt}。

(3) 孔内填料要求：向孔内填料前，孔底必须夯实；然后用素土在 ω_{opt} 状态下分层回填夯实；压实系数 $\lambda_c \geqslant 0.95$。

(4) 施工顺序：成孔和回填夯实宜间隔进行，对大型工程可采取分段施工。

(5) 桩孔偏差：①桩孔中心点偏差，满堂布桩应不大于 $0.4D$，条基布桩应不大于 $0.25D$（D 为桩径）；②桩孔垂直度偏差不应大于 1.5%；③桩孔直径：对个别断面允许 −20mm 偏差；④桩孔深度：不应小于设计深度 0.5m。

(6) 表层土处理：土桩挤密处理地基，在基础底面以上应预留 0.7～1.0m 厚的土层；待施工结束后，将表层挤松的土挖除，或分层夯压密实。

(7) 雨季施工应防雨，冬季施工应防冻。

(8) 质量检验。

质量检验的要求如下。

① 施工结束后，应及时抽样检验，抽检数量应不少于桩孔总数的0.5%，但不应小于3根。不合格处应采取加桩或其他补救措施。

② 一般工程主要应检查桩和桩间土的干密度、承载力和施工记录。

③ 对重要或大型工程，应进行载荷试验或其他原位测试。

7.6.3 砂石桩挤密法

砂石桩挤密法是指采用振动、冲击或水冲等方式在地基中成孔后，再将碎石、砂或砂石挤压入已形成的孔中形成由砂石所构成的密实桩体，并和桩周土组成复合地基的地基处理方法。

砂石桩挤密法适用于挤密松散砂土、粉土、黏性土、素填土和杂填土等地基。对饱和黏性土上对变形控制要求不严的工程也可采用砂石桩置换处理。该法亦可用于可液化地基。

1. 作用原理

1) 松散砂土中的作用

由于成桩方法不同，在松散砂土中成桩时对周围砂层产生挤密作用或同时也产生振密作用。采用冲击法或振动法往砂土中下沉桩管和一次拔管成桩时，由于桩管下沉对周围砂土产生很大的横向挤压力，桩管就将地基中同体积的砂挤向周围的砂层，使其孔隙比减小，密度增大，这就是挤密作用。有效挤密范围可达3~4倍桩直径。当采用振动法往砂土中下沉桩管和逐步拔出桩管成桩时，下沉桩管对周围砂层产生挤密作用，拔起桩管对周围砂层产生振密作用，有效振密范围可达6倍桩直径左右。振密作用比挤密作用更显著，其主要特点是砂桩周围一定距离内地面发生较大的下沉。

2) 软弱黏性土中的作用

密实的砂桩在软弱黏性土中取代了同体积的软弱黏性土，即起置换作用并形成"复合地基"，使承载力有所提高，地基沉降减小。此外，砂桩在软弱黏性土地基中可以像砂井一样起排水作用，从而加快地基的固结沉降速率。

2. 砂石桩设计

1) 处理范围

砂石桩处理范围应大于基底范围，处理宽度宜在基础外缘扩大1~3排桩。对可液化地基，在基础外缘扩大宽度不应小于可液化土层厚度的1/2，并不应小于5m。

2) 桩直径及桩位布置

砂石桩直径可采用300~600mm，可根据地基土质情况和成桩设备等因素确定。对饱和黏性土地基宜选用较大直径。

砂石桩孔位宜采用等边三角形布置或正方形布置。

3) 砂石桩间距

砂石桩的间距应通过现场试验确定，但不宜大于砂石桩直径的4倍。

4) 砂石桩桩长

砂石桩桩长可根据工程要求和工程地质条件通过计算确定，一般不宜小于4m。当松软土层厚度不大时，砂石桩桩长宜穿过松软土层；当松软土层厚度较大时，砂石桩桩长应不小于最危险滑动面以下2m的深度；对按变形控制的工程，砂石桩桩长应满足处理后地基变形不超过建筑物的地基变形允许值并满足软弱下卧层承载力的要求。

5) 砂石桩孔内砂石的填量

填砂石量可按下式计算：

$$S = \frac{A_p l d_s}{1 + e_1}(1 + 0.01\omega) \tag{7.6}$$

式中： S ——填砂石量(以重量计)，kN；

A_p ——砂石桩的截面积，m^2；

l ——砂石桩的桩长，m；

d_s ——砂石桩的比重；

ω ——砂石料的含水率，% 。

e_1 ——填砂石之后桩的孔隙比。

6) 砂石桩填料

砂石桩填料应采用粗粒洁净材料：砾砂、粗砂、中砂、圆砾、角砾、卵石、碎石等。填料中含泥量不得大于5%，并不宜含有大于50mm 的颗粒。

7) 砂石桩复合地基承载力

承载力应按现场复合地基载荷试验确定其标准值。

7.7 化学加固法

前述各种地基加固处理方法，不论是强夯法、预压法还是振冲法，都是运用各类机具将土体压密，但并未改变原地基土的化学成分，都属于物理加固方法。本节阐述的方法与其他方法不同，属化学加固方法。

7.7.1 概述

化学加固法是指利用水泥浆液、黏土浆液或其他化学浆液，通过灌注压入、高压喷射或机械搅拌，使浆液与土颗粒胶结起来，以改善地基土的物理和力学性质的地基处理方法。化学加固法加固地基的化学浆液种类很多，根据加固目的的不同可以选择不同的材料。随着向土中加入化学材料的方法不同，化学加固法又可区分为不同地基处理技术。

1. 化学浆液材料

1) 水泥浆液

通常采用高标号的硅酸盐水泥，水灰比为 1：1。为调节水泥浆的性能，可掺入速凝剂或缓凝剂等外加剂。常用的速凝剂有水玻璃和氯化钙，其用量为水泥用量的1%～2%；常用的缓凝剂有木质素磺酸钙和酒石酸，其用量约为水泥用量的0.2%～0.5%。水泥浆液为无机系浆液，取材充足，配方简单，价格低廉又不污染环境，是世界各国最常用的浆液材料。

2) 以水玻璃为主剂的浆液

水玻璃($Na_2O \cdot nSiO_2$)在酸性固化剂作用下可以产生凝胶。常用水玻璃—氯化钙浆液与水玻璃—铝酸钠浆液。以水玻璃为主的浆液也是无机系浆液，无毒，价廉，可灌性好，也是目前常用的浆液。

3) 以丙烯酰胺为主剂的浆液

这是以水溶液状态注入地基，使它与土体发生聚合反应，形成具有弹性而不溶于水的聚合体。材料性能优良，浆液黏度小，凝胶时间可准确控制在几秒至几十分钟内，抗渗性能好，抗压强度低。但浆材中的丙凝对神经系统有毒，且污染空气和地下水。

4) 以纸浆废液为主的浆液

这种浆液属于"三废利用"，源广价廉。但其中的铬木素浆液，含有六价铬离子，毒性大，会污染地下水。

2. 化学浆液注入方法

1) 压力灌浆法(简称灌浆法)

该法原则上不破坏岩体或土体的结构，在静压力作用下将胶凝材料的浆液灌注到岩体或土体的裂隙或孔隙中，硬化后形成固结体，起防渗堵漏和加固作用。

2) 高压喷射注浆法

该法通过特殊喷嘴，用高压水、气流切割土体，随之喷入水泥浆液，使浆液与土混合，固化后形成水泥土的柱状或壁状固结体。

3) 深层搅拌法

该法用特制的深层搅拌机械，在地基深处不断旋转，同时将水泥或石灰的浆体或粉体喷入，与软土就地混合硬化后形成水泥土或灰土桩柱体。

4) 电动化学加固法

该法利用电渗原理，将高价金属离子及化学加固剂引入软黏土中，起加固作用。

上述方法中以灌浆法发展较早，应用范围也最广泛，但对细砂、黏土等细孔隙不易灌入，需使用特殊技术和材料。高压喷射注浆法适用于松散土层，不受可灌性的限制，但对砂粒太大、砾石含量过多及含纤维质多的土层有困难。深层搅拌法仅适用于软黏土。电动化学加固法成本较高，国内很少使用。本节将分别介绍压力灌浆法、高压喷射注浆法和深层搅拌法3种方法。

7.7.2 压力灌浆法

压力灌浆法是指利用液压、气压或电化学原理，通过注浆管把浆液均匀地注入地层中，浆液以填充、渗透和挤密等方式，替代土颗粒间或岩石裂隙中的水分和空气后占据其位置，经一段时间硬化后，浆液将原来松散的土粒或裂隙胶结成一个整体，形成一个结构新、强度大、防水性能好和化学稳定性良好的固结体。

1. 灌浆设备

(1) 压力泵。根据不同的浆液可选用清水泵、泥浆泵或砂浆泵，并按设计要求选用合适的压力型号。

(2) 液浆搅拌机。

(3) 注浆管。它常用钢管制成，选择合适的直径，并有一段带孔的花管。

音频 灌浆法的设计
要求.mp3

2. 设计基本要求

灌浆设计前应进行室内浆液配比试验和现场灌浆试验，以确定设计参数和检验施工方法及设备，具体设计应满足下列要求。

(1) 软弱地基应优先选用水泥浆浆液，也可选用水泥和水玻璃的双液型混合浆液。

(2) 注浆孔之间间距不应太大，宜为1～2m，并能使被加固的土体在深度范围内能连成整体。

(3) 注浆量和注浆有效范围应通过现场的注浆试验确定，在黏性土地基中，浆液注入率宜为15%～20%。

(4) 注浆压力，在砂土中宜为0.2～0.5MPa，在黏性土中宜为0.2～0.3MPa。

3. 灌浆方法

1) 渗透灌浆

此法通常用钻机成孔，将注浆管放入孔中需要灌浆的深度，钻孔四周顶部封死。启动压力泵，将搅拌均匀的浆液压入土的孔隙和岩石的裂隙中，同时挤出土中的自由水。凝固后，土体与岩石裂隙胶结成整体。此法基本上不改变原状土的结构和体积，所用灌浆压力较小。灌浆材料用水泥浆或水泥砂浆，适用于卵石、中、粗砂和有裂隙的岩石。

2) 挤密灌浆

此法与渗透灌浆相似，但需用较高的压力灌入浓度较大的水泥浆或水泥砂浆。注浆管管壁为封闭型，浆液在注浆管底端挤压土体，形成"浆泡"，使地层上抬。硬化后的浆土混合物为坚固球体。此法适用于黏性土。

3) 劈裂灌浆

此法与挤密灌浆相似，但需采用更高的压力，超过地层的初始应力和抗拉强度，引起岩石和土体的结构破坏。使地层中原有的裂隙或孔隙张开，形成新的裂隙或孔隙，促成浆液的可灌性并增大扩散距离。凝固后，效果良好。

7.7.3 高压喷射注浆法

高压喷射注浆法是利用钻机把带有喷嘴的注浆管钻进至土层的预定位置后，以高压设备使浆液成为20～40MPa的高压射流从喷嘴中喷射出来，冲击破坏土体，同时钻杆以一定

速度渐渐向上提升，将浆液与土粒强制搅拌混合，浆液凝固后，在土中形成一个固结体。

20世纪70年代初期，高压水射流技术开始应用到灌浆工程中，逐步发展为新型的地基加固和防渗止水的施工方法——高压喷射注浆法。

1. 分类

1) 按注浆形式分类

高压喷射注浆法按注浆形式分类，如图7-3所示，可分为以下3种。

(1) 定喷法：若在高压喷射过程中，钻杆只进行提升运动，而不旋转，称为定喷。

(2) 摆喷法：在高压喷射过程中，钻杆边提升，边左右旋摆某角度，称为摆喷。

(3) 旋喷法：若在喷射固化浆液的同时，喷嘴以一定的速度旋转、提升喷射的浆液和土体混合形成圆柱形桩体(旋喷桩)，则称为高压旋喷法。

旋喷常用于地基加固，定喷和摆喷常用于形成止水帷幕。

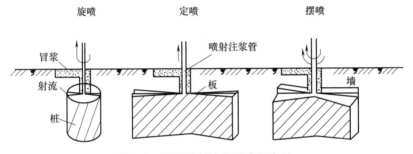

图 7-3　高压喷射注浆形式示意图

2) 按喷射管的结构分类

(1) 单管法。

单管旋喷注浆法是利用钻机把安装在注浆管(单管)底部侧面的特殊喷嘴，置入土层预定深度后，用高压泥浆泵等装置，以20MPa左右的压力，把浆液从喷嘴中喷射出去冲击破坏土体，使浆液与从土体上崩落下来的土搅拌混合，经过一段时间凝固，便在土中形成一定形状的固结体。

(2) 二重管法。

使用双通道的二重注浆管。当二重注浆管钻进到土层的预定深度后，通过在管底部侧面的一个同轴双重喷嘴，同时喷射出高压浆液和空气两种介质的喷射流冲击破坏土体。即以高压泥浆泵等高压发生装置喷射出20MPa左右压力的浆液，从内喷嘴中高速喷出，并用0.7MPa左右的压力把压缩空气从外喷嘴中喷出。在高压浆液和它外圈环绕气流的共同作用下，破坏土体的能量显著增大，最后在土中形成较大的固结体。

(3) 三重管法。

三重管为三根同心圆的管子，内管通水泥浆，中管通高压水，外管通压缩空气。在钻机成孔后，把三重旋喷管吊放入孔底，打开高压水与压缩空气阀门，通过旋喷管底端侧壁上直径2.5mm的喷嘴，喷射出压力为20MPa的高压水和环绕一股0.7MPa压力的圆筒状气流，冲切土体，在土中形成大空隙。再由泥浆泵注入压力为2～5MPa的高压水泥浆液，从

内管的另一喷嘴喷出，使水泥浆与冲散的土体拌和。三重旋喷管慢速边旋转、边喷射、边提升，可把孔周围地基加固成直径为1.2~2.5m的坚硬柱体，如图7-4所示。

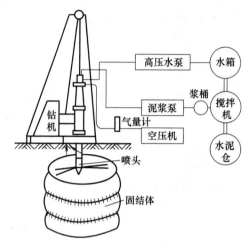

图 7-4　三重管旋喷注浆示意图

2. 适用范围

1) 适用土质

高压喷射注浆法适用于处理淤泥、淤泥质土、黏性土、粉土、黄土、砂土、人工填土和碎石土等地基。

2) 适用的工程

(1) 既有建筑和新建建筑的地基处理，尤其对事故处理，地面只需钻一个小孔，地下即可加固直径大于1m的旋喷桩，优点突出。例如，陕西秦岭电厂有4个直径为6m、高为3.6m的大水箱严重倾斜，危及坡下化学水处理大车间，采用旋喷桩即加固好了水箱地基。

(2) 深基坑侧壁挡土或挡水工程。

(3) 基坑底部加固。

(4) 防止管涌与隆起的地基加固。

(5) 大坝加固与防水帷幕等工程。

3. 施工要点

(1) 施工前应根据现场环境和地下埋设物的位置等情况，复核高压喷射注浆的设计孔位。

(2) 高压旋喷注桩的施工参数应根据土质条件、加固要求通过试验或根据工程经验确定，并在施工中严格加以控制。单管法及双管法的高压水泥浆和三管法高压水的压力宜大于30MPa，流量大于30L/min，气流压力宜取0.7MPa，提升速度可取0.1~0.2m/min。

(3) 高压喷射注浆，对于无特殊要求的工程宜采用强度等级为P.O.32.5级及以上的普通硅酸盐水泥，根据需要可加入适量的外加剂及掺合料。外加剂和掺合料的用量，应通过试验确定。

(4) 水泥浆液的水灰比应按工程要求确定，可取 0.8～1.2，常用 0.9。

(5) 高压喷射注浆的施工工序为机具就位、贯入喷射管、喷射注浆、拔管和冲洗等。

(6) 喷射孔与高压注浆泵的距离不宜大于 50m。钻孔的位置与设计位置的偏差不得大于 50mm。垂直度偏差不大于 1%。

4. 质量检验

(1) 高压旋喷桩可根据工程要求和当地经验采用开挖检查、取芯(常规取芯或软取芯)、标准贯入试验、动力触探载荷试验等方法进行检验。

(2) 检验点应布置在下列部位：有代表性的桩位；施工中出现异常情况的部位；地基情况复杂，可能对高压喷射注浆质量产生影响的部位。

(3) 检验点的数量为施工孔数的 2%，并不应少于 5 点。质量检验宜在高压喷射注浆结束 28d 后进行。

(4) 旋喷桩地基竣工验收时，承载力检验可采用单桩载荷试验。载荷试验必须在桩身强度满足试验条件时，并宜在成桩 28d 后进行。检验数量为桩总数的 0.5%～1%，且每项单体工程不应少于 3 点。

7.7.4 深层搅拌法

深层搅拌法是利用水泥(或石灰)等材料作为固化剂，通过特制的深层搅拌施工机械，在地基深处将软土和固化剂(浆液或粉体)强制搅拌，硬化后形成具有整体性、水稳定性和一定强度的水泥加固土，从而提高地基强度，增大其变形模量。

1. 施工工艺

1) 水泥浆搅拌法

水泥浆搅拌法的具体步骤如下。

(1) 用起重机悬吊深层搅拌机，将搅拌头定位对中。

(2) 预搅下沉。启动电机，搅拌轴带动搅拌头，边旋转搅松地基边下沉。

(3) 制备水泥浆压入地基。当搅拌头沉到设计深度后，略为提升搅拌头，将制备好的水泥浆由灰浆泵通过中心管，压开球形阀，注入地基土中。提升、喷浆、搅拌。边喷浆、边搅拌、边提升，使水泥浆和土体强制拌和，直至设计加固的顶面，停止喷浆。

(4) 重复搅拌。将搅拌机重复搅拌下沉、提升一次，使水泥浆与地基土充分搅拌均匀。

(5) 清洗管道中残存水泥浆，移至新孔。

具体步骤如图 7-5 所示。

2) 粉体喷搅法

(1) 移动钻机，准确对孔，主轴调直。

(2) 启动电机，逐级加速，正转预搅下沉并在钻杆内连续送压缩空气，以干燥通道。

(3) 启动 YP-1 型粉体发送器，在搅拌头沉至设计深度并在原位钻动 1～2min 后，将强度等级为 42.5 的普通硅酸盐水泥粉呈雾状喷入地基。掺和量为 180～240kg/m³。按 0.5m/min 的

速度反转提升搅拌头，边喷粉、边提升、边搅拌，至设计停灰标高后，应慢速原地搅拌
1～2 min。

(4) 重复搅拌：再次将搅拌头下沉与提升一次，使粉体搅拌均匀。

(5) 钻具提升到地面后，移位进行下一根桩施工。

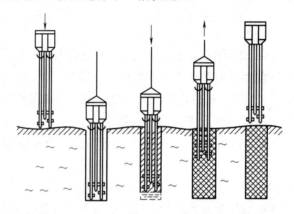

(a) 定位 (b) 预搅下沉 (c) 重复搅拌 (d) 重复喷浆 (e) 搅拌结束
下沉 搅拌提升

图 7-5 深层搅拌法示意图

2. 适用范围

1) 适用土质

(1) 水泥土搅拌法适用于处理正常固结的淤泥与淤泥质土、粉土(稍密、中密)、饱和黄
土、素填土、黏性土(软塑、可塑)。

(2) 不适用于含大弧石或障碍物较多且不易清除的杂填土、欠固结的淤泥和淤泥质土、
硬塑及坚硬的黏性土、密实的砂类土，以及地方水渗流引起的影响成桩质量的土层。

(3) 当地基土的天然含水量小于30%(黄土含水量小于25%)时不宜采用粉体搅拌法。冬
期施工时，应注意负温对处理效果的影响。

水泥土搅拌法用于处理泥炭土、有机质土、塑性指数大于25的黏土，地下水具有腐蚀
性时以及无工程经验的地区，必须通过现场试验确定其适用性。

2) 适用工程

(1) 加固地基：加固较深较厚的淤泥，淤泥质土、粉土和含水量较高且地基承载力不大
于120kPa的黏性土地基，对超软土效果更为显著，多用于墙下条形基础、大面积堆料厂房
地基。

(2) 挡土墙：深基坑开挖时防止坑壁及边坡塌滑。

(3) 坑底加固：防止坑底隆起。

(4) 做地下防渗墙或隔水帷幕。

深层搅拌形成的桩体的直径一般为 200～800mm ，形成的连续墙的厚度一般为
120～300mm 。加固深度一般大于 5.0m ，国内最大加固深度已达 27m ，国外最大加固深度
可达 60m 。

3. 深层搅拌法的特点

在地基加固过程中无振动、无噪声，对环境无污染；对土壤无侧向挤压，对邻近建筑物影响很小；可按建筑物要求做成柱状、壁状、格子状和块状等加固形状；可有效提高地基强度(当水泥掺量为8%和10%时；加固体强度分别为0.24MPa和0.65MPa，而天然软土地基强度仅为0.006MPa)；施工期较短，造价低廉，效益显著。

【案例7-3】

我国沿海某城市拟扩建码头工程，地基为海积淤泥，厚度达45m。市政府规划一年后在此修建公路、办公楼及仓库，因此需要大面积加固地基。

问题：

结合所学知识，试选择合适的地基处理方案。

本章小结

本章讲述了换土垫层法、预压(排水)固结法、机械压实法、强夯法、挤密法以及化学加固法的相关知识。对所涉及的技术术语的含义要有明确的了解和深刻的记忆。具体内容如下。

换土垫层法：概述、垫层设计。

预压(排水)固结法：概述、袋装砂井堆载预压法、真空预压法以及预压法质量检测。

机械压实法：概述、分层碾压法以及振动压实法。

强夯法：概述、强夯法施工。

挤密法：概述、土或灰土桩挤密法以及砂石桩挤密法。

化学加固法：概述、灌浆法、高压喷射注浆法以及深层搅拌法。

实训练习

一、单选题

1. 换填法不适用于(　　)。

   A. 湿陷性黄土　　　　　B. 杂填土　　　　　　C. 深层松砂地基　　D. 淤泥质土

2. 采用真空预压处理软基时，固结压力(　　)。

   A. 应分级施加，防止地基破坏

   B. 应分级施加以逐级提高地基承载力

   C. 最大固结压力可根据地基承载力提高幅度的需要确定

   D. 可一次加上，地基不会发生破坏

3. 当采用强夯法施工时，两遍夯击之间的时间间隔的确定主要依据是(　　)。

    A. 土中超静孔隙水压力的消散时间

    B. 夯击设备的起落时间

    C. 土压力的恢复时间

    D. 土中有效应力的增长时间

4. 在下述地基处理方法中，(　　)不属于置换法。

    A. 石灰桩　　　　　　B. 土桩与灰土桩　　　C. 二灰桩　　　　　　D. CFG 桩

5. 高压喷射注浆法的三重管旋喷注浆(　　)。

    A. 分别使用输送水、气和浆 3 种介质的三重注浆管

    B. 分别使用输送外加剂、气和浆 3 种介质的三重注浆管

    C. 向土中分 3 次注入水、气和浆 3 种介质

    D. 向土中分 3 次注入外加剂、气和浆 3 种介质

二、多选题

1. 换填法的垫层设计的主要内容是(　　)。

    A. 垫层土的性质　　　B. 垫层的厚度　　　　C. 垫层顶面的附加压力

    D. 垫层底的宽度　　　E. 垫层底面的附加压力

2. 强夯法是 20 世纪 60 年代末由法国开发的，至今已在工程中得到广泛的应用，强夯法又称为(　　)。

    A. 静力固结法　　　　B. 动力压密法　　　　C. 重锤夯实法

    D. 动力固结法　　　　E. 化学加固法

3. 下列土层中，强夯法适用的有(　　)。

    A. 饱和砂土　　　　　B. 饱和黏土　　　　　C. 不饱和黏性土

    D. 淤泥质土　　　　　E. 黄土

4. 对于新回填土的处理，以下哪些方法可以适用？(　　)

    A. 振冲碎石桩法　　　B. 石灰桩法　　　　　C. 强夯法

    D. 水泥土搅拌桩法　　E. 粉体喷搅法

5. 搅拌桩主要适用于(　　)。

    A. 高层建筑地基　　　B. 坝基　　　　　　　C. 防渗帷幕

    D. 重力式挡土墙　　　E. 复合地基

三、简答题

1. 何谓软弱地基？软弱土的种类有哪些？

2. 如何设计垫层？

3. 强夯法的密实机理是什么？其施工步骤主要是什么？

4. 真空预压法与堆载预压法相比，其优点是什么？

5. 化学加固法常用的化学浆液有哪几种？

第 7 章习题答案.doc

实训工作单 1

班级		姓名		日期	
教学项目		击实试验			
任务	确定最优含水量与最大干密度		试验结果		将试验结果绘制成击实曲线
相关知识	只有在最优含水量与最大干密度，再对土进行压实时，才能达到最大压实。				
其他项目					

现场过程记录

评语			指导教师	

实训工作单 2

班级		姓名		日期	
教学项目		现场参观灌浆法施工			
学习项目	灌浆法的现场施工		学习要求	掌握灌浆法的施工工序	
相关知识	灌浆法是指利用液压、气压或电化学原理，通过注浆管把浆液均匀地注入地层中，浆液以填充、渗透和挤密等方式，替代土颗粒间或岩石裂隙中的水分和空气后占据其位置，经一段时间硬化后，浆液将原来松散的土粒或裂隙胶结成一个整体，形成一个结构新、强度大、防水性能好和化学稳定性良好的固结体。				
其他项目					

现场过程记录

评语				指导教师	

第 8 章 特殊土地基处理

🛒 【教学目标】

1. 了解特殊土地基的相关知识。
2. 掌握对特殊土地基的评价。
3. 学会特殊土地基的处理措施。

🚶 【教学要求】

第 8 章特殊土地基处理.pptx

本章要点	掌握层次	相关知识点
软土地基处理	1. 了解软土地基的相关知识 2. 掌握软土地基的评价 3. 学会软土地基的处理措施	1. 软土的分布及类型 2. 软土的工程特性 3. 软土的评价内容
湿陷性黄土地基处理	1. 了解湿陷性黄土的相关知识 2. 影响黄土湿陷性的因素 3. 掌握黄土地基湿陷性评价 4. 学会黄土地基的处理措施	1. 黄土的地层划分 2. 湿陷系数 3. 湿陷程度 4. 湿陷等级表
膨胀土地基处理	1. 了解膨胀土地基的相关知识 2. 掌握涨缩性指标 3. 掌握膨胀土场地及地基评价 4. 学会膨胀土地基的处理措施	1. 膨胀土工程地质分类表 2. 膨胀土的膨胀潜势分类表 3. 膨胀土地基的膨胀等级表
红黏土地基处理	1. 了解红黏土地基的相关知识 2. 掌握红黏土地基的评价 3. 学会红黏土地基的处理措施	1. 红黏土的分布 2. 红黏土的工程特性
冻土地基	1. 了解冻土地基的相关知识 2. 了解冻土地基的物理力学性质 3. 学会冻土地基的处理措施	1. 冻土的分布 2. 冻土的成因及危害 3. 冻土的构造与融陷性、融沉性

⚙ 【案例导入】

某市居民楼为 9 层框架建筑物，原建筑场地中有10.5～17.8m厚的软土层，软土层表面

为3～8m的细砂层，建成不久后即发现墙身开裂，建筑物沉降最大达58cm，中间沉降量大，两端小。进一步了解后发现，该建筑物是一箱基基础上的框架结构，设计者在细砂层面上回填砂石碾压密实，然后把碾压层作为箱基的持力层，在开始基础施工到装饰竣工完成的一年半中，基础最大沉降达58cm，由于沉降差较大，造成了上部结构产生裂缝。

特殊土地基处理.mp4

【问题导入】

根据本章所学内容，详细说明该地基土的工程措施。

8.1　特殊土地基处理概述

我国地域辽阔，从沿海到内陆，从山区到平原，广泛分布着各种各样的土类。某些土类，由于生成时不同的地理环境、气候条件、地质成因、历史过程和次生变化等原因，使它们具有一些特殊的成分、结构和性质。当用作建筑物的地基时，如果不注意这些特殊性，可能会引起事故。通常把这些具有特殊工程地质的土类称为特殊土。各种天然形成的特殊土的地理分布存在着一定的规律，表现出一定的区域性，故又有区域性特殊土之称。

我国主要的区域性特殊土有软土、湿陷性黄土、膨胀土、红黏土、多年冻土、盐渍土以及液化土等。为保证各类构筑物的安全和正常使用，应根据其工程特点和要求，因地制宜地对地基进行综合治理，以防止发生工程事故。

软土.docx

8.2　软土地基处理

软土一般指外观以灰色为主，天然比大于或等于1.0，天然含水量大于液限并且具有灵敏结构性的细粒土。它包括淤泥、淤泥质土(淤泥质黏性土、粉土)、泥炭和泥炭质土等，其压缩系数一般为0.5～1.5MPa^{-1}，最大可达1.5MPa^{-1}，不排水抗剪强度小于20kPa。

8.2.1　概述

1. 软土的分布

软土多为在静水或缓慢流水环境中沉积，并经生物化学作用形成，其成因类型主要有滨海环境沉积、海陆过渡环境沉积(三角洲沉积)、河流环境沉积、湖泊环境沉积和沼泽环境沉积等。

我国软土分布很广，如长江、珠江地区的三角洲沉积；上海、天津塘沽、浙江温州、

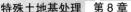

宁波、江苏连云港等地的滨海相沉积；闽江口平原的溺谷相沉积；洞庭湖、洪泽湖、太湖以及昆明滇池等地区的内陆湖泊相沉积；河滩沉积位于各大、中河流的中下游地区；沼泽沉积的有内蒙古、东北地区的大兴安岭和小兴安岭、华南及西南森林地区等。

此外，广西、贵州、云南等省的某些地区还存在山地型的软土，是泥灰岩、炭质页岩、泥质砂页岩等风化产物和地表的有机物质经水流搬运，沉积于低洼处，长期饱水软化或间有微生物作用而形成。沉积的类型属于坡洪积、湖沉积和冲沉积为主。其特点是分布面积不大，但厚度变化很大，有时相距 2～3m 内，厚度变化可达 7～8m。

2. 软土的类型

我国厚度较大的软土，一般表层有 0～3m 厚的中或低压缩性黏性土(俗称硬壳层或表土层)，其层理上大致可分为以下几种类型。

(1) 上层为 1～3m 褐黄色粉质黏土，第二、第三层为淤泥质黏土，一般厚约 20m，属高压缩性土，第四层为较密实的黏土层或砂层。

(2) 上层由人工填土及较薄的粉质黏土组成，厚 3～5m，第二层为 5～8m 的高压缩性淤泥层，基岩离地表较近，起伏变化较大。

(3) 上层为 1m 以上厚的黏性土，其下为 30m 以上的高压缩性淤泥层。

(4) 上层为 3～5m 厚褐黄色粉质黏土，以下为淤泥及粉砂夹层交错形成。

(5) 上层同(4)，第二层为厚度变化很大、呈喇叭口状的高压缩性淤泥，第三层为较薄的残积层，其下为基岩，多分布在山前沉积平原或河流两岸靠山地区。

(6) 上层为浅黄色黏性土，其下为饱和软土或淤泥及泥炭，成因复杂，绝大部分为坡洪积、湖沼沉积、冲积以及沉积，分布面积不大，属于厚度变化悬殊的山地型软土。

3. 工程特性

由于软土的生成环境、矿物组成和结构性显著并含有机质，故具有如下工程特性。

1) 高含水量和高孔隙性

软土的黏粒、粉粒成分及其天然含水量高、孔隙比大、所含有机质的性质，影响了土的强度和压缩性。

2) 抗剪强度低

软土的抗剪强度很低，软土地基的承载力常为 20～80kPa。与土体的排水固结程度有关，在不排水条件下，其黏聚力很低，内摩擦角也很小。

3) 高压缩性

由于土体的高孔隙性以及大量有机质的存在，软土的压缩性很大。

音频 软土的工程特性.mp3

压缩系数一般为 0.5～1.5MPa^{-1}，最大可达 1.5MPa^{-1}；软土地基的变形特性与其天然固结状态相关，欠固结软土在荷载作用下沉降较大，天然状态下的软土层大多属于正常固结状态。

4) 渗透性低

由于其黏粒的含量较高，软土具有很低的渗透性，而且在水平及垂直方向的渗透系数不一样，使建筑物地基易产生差异沉降。尤其在有机质大量存在时，会产生气泡，堵塞渗

流通道，在荷载作用下，排水固结速率很慢，影响地基的强度，延长建筑物沉降时间。

5) 触变性和蠕变性

触变性是指软土一旦受到扰动(振动、搅拌、挤压或搓揉等)，其原有结构被破坏，土的强度明显降低或很快变成稀释状态。软土较高的触变性常用灵敏度 S_t 来表示，一般 S_t 为 3~4。我国东南沿海地区软土的灵敏度个别达13~15。故软土地基在振动荷载下，易产生侧向滑动、沉降及基底向两侧挤出等现象。

6) 不均匀性

由于沉降环境的不同，黏土层中常局部夹有厚薄不同的粉土或透镜体，使其在水平和垂直方向上有差异，建筑物易产生不均匀沉降。

软土的蠕变性也是比较明显的。软土除排水固结引起变形外，在剪应力作用下，土体也会发生缓慢而长期的剪切变形，对地基沉降有较大的影响。软土的蠕变性还会使地基长期处于变形之中，对斜坡、堤岸、码头及地基稳定性极为不利。

8.2.2 软土地基的评价

评价内容应根据软土工程特性，结合不同的工程要求进行软土地基的工程评价。

(1) 判定地基产生滑移和不均匀变形的可能性。当建筑物位于池塘、河岸、边坡附近时，应验算其稳定性。

(2) 选择适宜的持力层和基础形式，当有地表硬壳层时，基础宜浅埋。

(3) 当建筑物相邻高低层荷载相差很大时，应分别计算各自的沉降，并分析其相互影响。当地面有较大面积堆载时，应分析其对相邻建筑物的不利影响。

(4) 软土地基承载力应根据地区建筑经验，并结合下列因素综合确定：软土成分条件、应力历史、力学特性及排水条件；上部结构的类型、刚度、荷载性质、大小和分布、对不均匀沉降的敏感性；基础的类型、尺寸、埋深、刚度等；施工方法和程序，采用预压排水处理的地基，应考虑软土固结排水后强度的增长。

(5) 地基的沉降量可采用分层总和法计算，并乘以经验系数；也可采用土的应力历史的沉降计算方法。

评价原则，对软土地基的工程评价时，应特别强调软土地基承载力综合评定的原则，不能单靠理论计算，要以地区经验为主。软土地基承载力的评定，变形控制原则比按强度控制原则更重要。

软土地基主要是受力层中的倾斜基岩或其他倾斜坚硬地层，是软土地基的一大隐患，很有可能导致不均匀沉降，以及蠕变滑移而产生剪切破坏，因此对这类地基不但要考虑变形，而且要考虑稳定性。若主要受力层中存在砂层，砂层将起排水通道作用，加速软土固结，有利于地基承载力的提高。

水文地质条件对软土地基影响较大，如抽降地下水形成降落漏斗将导致附近建筑物产生沉降或不均匀沉降；基坑迅速抽水则会使基坑周围水力坡度增大而产生较大的附加应力，致使坑壁坍塌；承压水头改变将引起明显的地面浮沉等。

建筑施工加荷速率的适当控制或改善土的排水固结条件，可提高软土地基的承载力及其稳定性。一般情况下，随着荷载的施加，地基土强度逐渐增大，承载力得以提高；反之，若荷载过大，加荷速率过快，将出现局部塑性变形，甚至产生整体剪切破坏。

8.2.3 处理措施

在软土地基上修建各种构筑物时，要特别重视地基的变形和稳定问题，并考虑上部结构与地基的共同作用，采用必要的建筑及结构措施，确定合理的施工顺序和地基处理方法，并应采取下列措施。

(1) 充分利用表层密实的黏性土(一般厚1~2m)作为持力层，基底尽可能浅埋(埋深 $d = 300 \sim 800cm$)，但应验算下卧层软土的强度。

(2) 尽可能减小基底附加应力，如采用轻型结构、轻质墙体、扩大基础底面、设置地下室或半地下室等。

(3) 采用换土垫层或桩基础等，但应考虑欠固结软土产生的桩侧负摩阻力。

(4) 采用砂井预压，加速土层排水固结。

(5) 采用高压喷射、深层搅拌、粉体喷射等处理方法。

(6) 使用期间，对大面积地面堆载划分范围，避免荷载局部集中、直接压在基础上。

当遇到暗塘、暗沟、杂填土及冲填土时，须查明范围、深度及填土成分。较密实均匀的建筑垃圾及性能稳定的工业废料可作为持力层，而有机质含量大的生活垃圾和对地基有侵害作用的工业废料，未经处理不宜作为持力层。并应根据具体情况，选用如下处理方法。

(1) 不挖土，直接打入短桩。如上海地区通常采用长约7m、断面200mm×200mm的钢筋混凝土桩，每桩承载力30~70kN，并认为承台底土与桩共同承载，其中土承受该桩所受荷载的70%左右，但不超过30kPa，对暗塘、暗沟下有强度较高的土层效果更佳。

(2) 填土不深时，可挖去填土，将基础落深，或用毛石混凝土、混凝土等加厚垫层，也可用砂石垫层处理。若暗塘、暗沟不宽，也可设置基础梁直接跨越。

(3) 对于低层民用建筑可适当降低地基承载力，直接利用填土作为持力层。

(4) 冲填土一般可直接作为地基。若土质不良时，可选用上述方法加以处理。

8.3 湿陷性黄土地基处理

8.3.1 概述

黄土是一种产生于第四纪地质历史时期干旱条件下的沉积物，其外观颜色较杂乱，主要呈黄色或褐黄色，颗粒组成以粉粒(0.005~0.075mm)为主，同时含有砂粒和黏粒。它的内部物质成分和外部形态特征与同时期其他沉积物不同。一般认为不具层理的风成黄土为原生黄土，原生黄土经流水冲刷、搬运和重新沉积形成的黄土称次生黄土，常具有层理和砾石夹层。

按黄土形成年代的早晚划分，有老黄土和新黄土之分，如表 8-1 所示。具有天然含水量的黄土，如未受水浸湿，一般强度较高，压缩性较小，某些黄土在一定压力下受水浸湿，土结构迅速破坏，产生显著的附加下沉，强度也迅速降低，称为湿陷性黄土，主要属于晚更新世(Q_3)的马兰黄土以及全新世(Q_4)的次生黄土。该类黄土形成年代较晚，土质均匀或较为均匀，结构疏松，大孔发育，有较强烈的湿陷性。在一定压力下受水浸湿，土结构不破坏，并无显著附加下沉的黄土称为非湿陷性黄土，一般属于中更新世(Q_2)的午城黄土，其形成年代久远，土质密实，颗粒均匀，无大孔或略具大孔结构，一般不具有湿陷性或仅具轻微湿陷性。

湿陷性黄土.docx

表 8-1　黄土的地层划分

时代		地层的划分	说明
全新世(Q_4)黄土	新黄土	黄土状土	一般具湿陷性
晚更新(Q_3)黄土		马兰黄土	
中更新世(Q_2)黄土	老黄土	离石黄土	上部部分土层具湿陷性
早更新世(Q_1)黄土		午城黄土	不具湿陷性

注：全新世(Q_4)黄土包括湿陷性(Q_4^1)黄土和新近堆积(Q_4^2)黄土。

8.3.2　影响黄土湿陷性的因素

1. 黄土湿陷的原因

黄土的湿陷现象是一个复杂的地质、物理、化学过程，其湿陷机理国内外学者有各种不同的假说，但至今没有能够充分解释所有湿陷现象和本质的统一理论。尽管解释黄土湿陷原因的观点各异，但归纳起来可分为外因和内因两个方面。

音频　黄土湿陷的
原因.mp3

(1) 外因：主要为建筑物本身的上下水道漏水、大量降雨渗入地下，以及附近修建水库、渠道蓄水渗漏等，引起黄土的湿陷。

(2) 内因：黄土外观颜色呈淡黄至褐黄因而得名。没有层理，有肉眼可见大孔隙，又称大孔土。其主要为黄土中含大量多种可溶盐，如硫酸钠、碳酸钠、碳酸镁和氯化钠等物质，受水浸湿后被溶化，土中胶结力大为减弱，导致土粒变形。黄土为欠密土，薄膜水增厚，在压密过程中起润滑作用。

2. 影响黄土湿陷性的因素

1) 黄土的物质成分

黄土中胶结物的含量和成分，以及颗粒的组成和分布，对于黄土的结构特点和湿陷性的强弱有着重要的影响。胶结物含量大，可把骨架颗粒包围起来，则结构致密。黏粒含量特别是胶结能力较强的粒径小于 0.001mm 颗粒的含量多，其均匀分布在骨架之间也起了胶结物的作用，均使湿陷性降低并使力学性质得到改善。反之，粒径大于 0.05mm 的颗粒增多，

胶结物多呈薄膜状分布，骨架颗粒多数彼此直接接触，其结构疏松、强度降低而湿陷性增强。我国黄土湿陷性存在着由西北向东南递减的趋势，就是与自西北向东南方向砂粒含量减少而黏粒含量增多是一致的。此外，黄土中的盐类以及其存在状态对湿陷性也有着直接影响。如以较难溶解的碳酸钙为主而具有胶结作用时，湿陷性减弱，但石膏及其他碳酸盐、硫酸盐和氯化物等易溶盐的含量越大时，湿陷性越强。

2) 黄土的物理性质

黄土的湿陷性与其孔隙比和含水量等土的物理性质有关。天然孔隙比越大或天然含水量越小，则湿陷性越强。饱和度 $S_t \geqslant 80\%$ 的黄土，称为饱和黄土，饱和黄土的湿陷性已退化。在天然含水量相同时，黄土的湿陷变形随湿度的增加而增大。

3) 外加压力

黄土的湿陷性还与外加压力有关，外加压力越大，湿陷量也显著增加。但当外加压力超过某一数值后，再增加压力，湿陷量反而减少。

8.3.3 黄土地基湿陷性评价

1. 黄土湿陷性的判定

1) 湿陷系数 δ_s

黄土湿陷性在国内外都采用湿陷系数 δ_s 值来判定。湿陷系数 δ_s 为单位厚度的土层，由于浸水在规定压力下产生的湿陷量，它表示了土样所代表黄土层的湿陷程度。其试验方法如下。

δ_s 可通过室内浸水压缩试验测定。把保持天然含水量和结构的黄土土样装入侧限压缩仪内，逐级加压，达到规定的试验压力，土样压缩稳定后，进行浸水，使含水量接近饱和，土样又迅速下沉，再次达到稳定，得到浸水后土样高度 h_p'，由式(8.1)求得土的湿陷系数 δ_s。

$$\delta_s = \frac{h_p - h_p'}{h_0} \tag{8.1}$$

式中：h_0——土样的原始高度，mm；

h_p——保持天然湿度和结构的土样，加压至一定压力时下沉稳定后的高度，mm；

h_p'——上述加压稳定后的土样，在浸水作用下下沉稳定后的高度，mm。

2) 测定湿陷系数的压力

在工程中，δ_s 主要用于判别黄土的湿陷性，当 $\delta_s < 0.015$ 时，应定为非湿陷性黄土；当 $\delta_s \geqslant 0.015$ 时，应定为湿陷性黄土。试验时测定湿陷系数的压力 p 应采用黄土地基的实际压力。但初勘阶段，建筑物的平面位置、基础尺寸和埋深等尚未确定，即实际压力大小难以预估。

① 应自基础底面(初勘时，自地面下1.5m)算起。

② 10m 以上的土层应用 200kPa。

③ 10m 以下至非湿陷性土层顶面，应用其上覆土的饱和自重应力(当大于300kPa时，仍应用300kPa)。

④ 对压缩较高的新近堆积黄土，基底下 5m 以内的土层宜用 100～150kPa 压力，5～10m 和 10m 以下至非湿陷性黄土层的顶面，应分别用 200kPa 和上覆土的饱和自重压力。

3) 黄土湿陷性判别标准

湿陷系数 $\delta_s < 0.015$，应定为非湿陷性黄土；湿陷系数 $\delta_s \geq 0.015$，应定为湿陷性黄土。

4) 湿陷性黄土的湿陷程度

湿陷性黄土的湿陷程度，可根据湿陷系数 δ_s 值的大小分为下列 3 种。

① 当 $0.015 \leq \delta_s \leq 0.03$ 时，湿陷性轻微。

② 当 $0.03 < \delta_s \leq 0.07$ 时，湿陷性中等。

③ 当 $\delta_s > 0.07$ 时，湿陷性强烈。

2. 场地湿陷类型的划分

工程实践表明，自重湿陷性黄土无外荷载作用时，浸水后也会迅速发生剧烈的湿陷，甚至一些很轻的建筑物也难免遭受其害。而非自重湿陷性黄土地基则很少发生。对两种湿陷性黄土地基，所采取的设计和施工措施应有所区别。因此，必须正确划分场地的湿陷类型。

建筑物场地的湿陷类型，应按实测自重湿陷量 Δ'_{zs} 或计算自重湿陷量，或计算自重湿陷量 Δ_{zs} 判定。实测自重湿陷量应根据现场试坑浸水试验确定，其结果可靠，但费水费时，并且有时受各种条件限制而不易做到。

计算自重湿陷量 Δ_{zs} 可按下式计算：

$$\Delta_{zs} = \beta_0 \sum_{i=1}^{n} \delta_{zsi} h_i \tag{8.2}$$

式中：β_0——根据我国建筑经验，因各地区土质而异的修正系数，对陇西地区可取 1.5，陇东、陕北、晋西地区可取 1.2，关中地区取 0.9，其他地区取 0.5；

δ_{zsi}——第 i 层地基土样在压力值等于上覆土的饱和（$S_r > 0.85$）自重应力时，试验测定的自重湿陷系数（当饱和自重应力大于 $300kPa$ 时，仍用 $300kPa$）；

h_i——地基中第 i 层土的厚度，m；

n——计算总厚度内土层数。

当 $\Delta_{zs} \leq 7cm$ 时，应定为非自重湿陷性黄土场地；当 $\Delta_{zs} > 7cm$ 时，应定为自重湿陷性黄土场地。用上式计算时，土层总厚度从天然地面（挖、填方场地应自设计地面）算起，到全部湿陷性黄土层底面为止，勘探点未穿透湿陷性黄土层时，应计算至控制性勘探点深度止。其中 $\delta_{zs} < 0.015$ 的土层（属于非自重湿陷性黄土层）不应累计在内。

3. 黄土地基的湿陷等级

湿陷性黄土地基的湿陷等级，即地基土受水浸湿，发生湿陷的程度，可以用地基内各土层湿陷下沉稳定后所发生湿陷量的总和（总湿陷量）来衡量。

地基总湿陷量 Δ_s，应按下式计算：

$$\Delta_s = \sum_{i=1}^{n} \alpha \beta \delta_{si} h_i \tag{8.3}$$

式中：α——不同深度地基土浸水概率系数，按地区经验取值。无地区经验时可按表 8-2 取

值。对地下水有可能上升至湿陷性土层内，或侧向浸水影响不可避免的区段，取 $\alpha =1.0$。

  β——考虑基底下地基土的受力状态及地区等因素的修正系数，缺乏实测资料时，可按表 8-3 的规定取值。

  δ_{si}——第 i 层土的湿陷系数。

  h_i——第 i 层土的厚度，m。

表 8-2　浸水概率系数 α

基础底面下深度 z(m)	α
$0 \leqslant z \leqslant 10$	1.0
$10 < z \leqslant 20$	0.9
$20 < z \leqslant 25$	0.6
$z > 25$	0.5

表 8-3　修正系数 β

位置及深度		β
基底下 0～5m		1.5
基底下 5m～10m	非自重湿陷性黄土场地	1.0
	自重湿陷性黄土场地	所在地区的 β_0 值且不小于 1.0
基底下 10m 以下至非湿陷性黄土层顶面或控制性勘探孔深度	非自重湿陷性黄土场地	①区、Ⅱ区取 1.0，其余地区取工程所在地区的 β_0 值
	自重湿陷性黄土场地	取工程所在地区的 β_0 值

注：①区指陇西地区；Ⅱ区指陇东、陕北、晋西地区。

  湿陷等级的判定：可根据基底下各土层累计的总湿陷量 Δ_s 和计算自重湿陷量 Δ_{zs} 大小和场地湿陷类型，如表 8-4 所示。

表 8-4　湿陷性黄土地基的湿陷等级

湿陷类型　　Δ_{zs}/mm Δ_s/mm	非自重湿陷性场地	自重湿陷性场地	
	$\Delta_{zs} \leqslant 70$	$70 < \Delta_{zs} \leqslant 350$	$\Delta_{zs} > 350$
$50 < \Delta_s \leqslant 100$	Ⅰ(轻微)	Ⅰ(轻微)	Ⅱ(中等)
$100 < \Delta_s \leqslant 300$	Ⅰ(轻微)	Ⅱ(中等)	Ⅱ(中等)
$300 < \Delta_s \leqslant 700$	Ⅱ(中等)	Ⅱ(中等)或Ⅲ(严重)	Ⅲ(严重)
$\Delta_s > 700$	Ⅱ(中等)	Ⅲ(严重)	Ⅳ(很严重)

注：对 $70 < \Delta_{zs} \leqslant 350$、$300 < \Delta_s \leqslant 700$ 一档的划分，当湿陷量的计算值 $\Delta_s > 600$mm、自重湿陷量的计算值 $\Delta_{zs} > 300$mm 时，可判为Ⅲ级，其他情况可判为Ⅱ级。

Δ_s是湿陷性黄土地基在规定压力下充分浸水后可能发生的湿陷变形值。设计时应根据黄土地基的湿陷等级考虑相应的设计措施。相同情况下湿陷程度越高,设计措施的要求也越高。

4. 黄土地基的勘察

湿陷性黄土地区的地基勘察除满足一般勘察要求外,还需针对湿陷性黄土的特点进行如下勘察工作。

(1) 应着重查明地层时代、成因、湿陷性土层的厚度、土的物理力学性质(包括湿陷起始压力),湿陷系数随深度的变化、地下水位变化幅度和其他工程地质条件,以及划分湿陷类型和湿陷等级,确定湿陷性、非湿陷性土层在平面与深度上的界限。

(2) 划分不同的地貌单元,查明湿陷洼地、黄土溶洞、滑坡、崩塌、冲沟和泥石流等不良地质现象的分布地段、规模和发展趋势及其对建设的影响。

(3) 了解场地内有无地下坑穴,如古墓、古井、坑、穴、地道、砂井和砂巷等;研究地形的起伏和降水的积累及排泄条件;调查山洪淹没范围及其发生时间,地下水位的深度及其季节性变化情况,地表水体和灌溉情况等。

(4) 调查邻近已有建筑物的现状及其开裂与损坏情况。

(5) 采取原状土样,必须保持其天然湿度和结构(Ⅰ级土试样),探井中取样竖向间距一般为1m,土样直径不小于10cm。钻孔中取样,必须注意钻井工艺。取土勘探点中应有一定数量的探井。在Ⅲ、Ⅳ级自重湿陷性黄土场地上,探井数量不得少于取土勘探点的1/3。场地内应有一定数量的取土勘探点穿透湿陷性黄土层。

8.3.4 处理措施

当湿陷性黄土地基的压缩变形、湿陷变形或强度不能满足设计要求时,应针对不同的土质条件和建筑物类别,采取相应的措施。

1. 建筑物的类别

建筑物应根据其重要性、地基受水浸湿可能性的大小和在使用上对不均匀沉降限制的严格程度,分为甲、乙、丙、丁4类,如表8-5所示。

表8-5 建筑物分类

类 型	内 容
甲类建筑	高度大于60m的高层建筑;高度大于50m的构筑物;高度大于100m的高耸结构;特别重要的建筑;地基受水浸湿可能性大的重要建筑;对不均匀沉降有严格限制的建筑
乙类建筑	乙类建筑:高度24~60m的高层建筑;高度30~50m的构筑物;高度50~100m的高耸结构;地基受水浸湿可能性较大或较小的重要建筑;地基受水浸湿可能性大的一般建筑

续表

类　型	内　容
丙类建筑	除乙类以外的一般建筑和构筑物。多层住宅楼、办公楼、教学楼；高度不超过50m的烟囱；跨度小于24m和吊车额定起重量大于30t的机加工车间；食堂，县、区影剧院，理化试验室
丁类建筑	1～2层的简易住宅、简易办公房屋；小型机加工车间；小型工具、机修车间；小型库房等次要建筑

2. 建筑工程的设计措施

1) 地基处理措施

地基处理的主要措施包括消除地基的全部或部分湿陷量；或采用深基础、桩基础穿透全部湿陷性土层，或将基础设置在非湿陷黄土层上。

2) 防水措施

(1) 基本防水措施：在建筑物布置、场地排水、地面防水、屋面排水、散水、排水沟、管道敷设、管道材料和接口等方面，应采取措施防止雨水或生产、生活用水的渗漏。

(2) 检漏防水措施：在基本防水措施的基础上，对防护范围内的地下管道，应增设检漏管沟和检漏井。

(3) 严格防水措施：在检漏防水措施的基础上，应提高防水地面、排水沟、检漏管沟和检漏井等设施的材料标准，如增设卷材防水层、采用钢筋混凝土排水沟等。

3) 结构措施

结构措施包括设置封闭圈梁、采用变形适应性结构，减小或调整建筑物的不均匀沉降。

3. 各类建筑对地基处理的要求

1) 甲类建筑

对甲类建筑进行地基处理时，应穿透全部湿陷性土层；或消除地基的全部湿陷量，或将基础设置在非湿陷层。处理厚度要求如下。

(1) 非自重湿陷性黄土场地，应将基础下湿陷起始压力小于附加压力与上覆土的饱和自重压力之和的所有土层进行处理；或处理至基础下的压缩层深度为止。

(2) 在自重湿陷性黄土场地，应处理基础以下的全部湿陷性土层。

2) 乙类建筑

对乙类建筑进行地基处理时，应消除地基部分湿陷量。其最小处理厚度如下。

(1) 非自重湿陷性黄土场地，不应小于压缩层厚度的2/3，且下部未处理湿陷黄土层的湿陷起始压力值不应小于100kPa。

(2) 自重湿陷性黄土场地，不应小于湿陷性土层厚度的2/3，并应控制未处理土层的湿陷量不大于150mm。

（3）如基础宽度大或湿陷性黄土层厚度大，处理地基压缩层深度的2/3或全部湿陷性黄土层深度的2/3确有困难时，处理厚度：前者不小于4m；后者不小于6m。

3）丙类建筑

对丙类建筑进行地基处理时，应消除地基部分湿陷量的最小处理厚度。

4）丁类建筑

此类建筑的地基一律不处理。

4. 常用的地基处理方法

选择地基处理方法，应根据建筑物的类别、湿陷性黄土的特征、施工条件和当地材料，并经综合技术经济比较确定。常用的地基处理方法，如表8-6所示。

音频　地基处理的
方式.mp3

表8-6　湿陷性黄土地基常用的处理方法

名　称	适用范围	一般可处理（或穿透）基底下的湿陷性土层厚度/m
垫层法	地下水位以上，局部或整片处理	1～3
强夯法	$S_r<60\%$的湿陷性黄土局部或整片处理	3～12
挤密法	地下水位以上，局部或整片处理	5～15
桩基础	基础荷载大，有可靠的持力层	≤30
预浸水法	Ⅲ、Ⅳ级自重湿陷性黄土场地，6m以上尚应采用垫层等方法处理	可消除地面下6m以下全部土层的湿陷性
单液硅化或碱液加固法	一般用于加固地下水位以上的已有建筑物地基	≤10 单液硅化加固的最大深度可达20

【案例 8-1】

河南某住宅楼工程，经现场勘察为黄土地基。由探井取3个原状土样进行浸水压缩试验。取样深度分别为2.0、4.0、6.0m，实测数据如表8-7所示。

表8-7　黄土浸水压缩试验结果

试样编号	1	2	3
加200kPa压力后百分表稳定读数	40	56	38
澄水后百分表稳定读数	162	194	88

问题：

结合所学知识，判断该黄土地基是否为湿陷性黄土。

8.4 膨胀土地基处理

8.4.1 概述

1. 膨胀土特性

膨胀土是土中黏性成分主要由亲水性矿物组成，具有显著的吸水膨胀软化和失水收缩开裂变形特性的一种黏性土，通常强度较高、压缩性低。膨胀土在我国分布广泛，以黄河流域及其以南地区较多，湖北、河南、广西、云南等20多个省、市、自治区均有膨胀土。

膨胀土.docx

我国膨胀土形成的地质年代大多数为第四纪晚更新世(Q_3)及其以前，少量为全新世(Q_1)。膨胀土颜色呈黄、黄褐、红褐、灰白或花斑等色。膨胀土多呈坚硬-硬塑状态，液性指数 I_L 常接近0或小于0，孔隙比一般为0.6~1.2，结构致密，压缩性较低。

裂隙发育是膨胀土的一个重要特征，常见光滑面或擦痕。裂隙有竖向、斜交和水平3种，裂隙间常充填灰绿、灰白色黏土。竖向裂隙常露出地表面，裂隙宽度随深度增加而逐渐尖灭；斜交剪切裂隙越发育，膨胀性越严重。膨胀土分布地区还有一个特点，即在旱季常出现地裂，长可达数十米至百米，深数米，在雨季则可闭合。

2. 工程地质分类

我国膨胀土按地貌、地层、岩性、矿物成分等因素，以工程地质方法分为3类，如表8-8所示。

表 8-8 膨胀土工程地质分类

类别	地貌	地层	岩性	矿物成分	物理性指标				分布的典型地区
					ω/%	e	ω_L/%	I_P	
一类	分布在盆地的边缘与丘陵地	晚第三纪至第四纪湖相沉积及第四纪风化层	以灰白、灰绿的杂色黏土为主(包括半成岩的岩石)，裂隙特别发育，常有光滑面或擦痕	以蒙特石为主	20~37	0.6~1.1	45~90	21~48	云南蒙自，鸡街，广西宁明，河北邯郸，河南平顶山，湖北襄樊
二类	分布在河流的阶地	第四纪冲积、洪积坡洪积层(包括少量冰水沉积)	以灰褐、褐黄、红黄色黏土为主，裂隙很发育，有光滑面与擦痕	以伊利石为主	18~23	0.5~0.8	36~54	18~30	安徽合肥，四川成都，湖北拔江、郧县、山东临沂
三类	分布在岩溶地区平原谷地	碳酸盐类岩石的残积、坡积及其冲积层	以红棕，棕黄色高塑性黏土为主，裂隙发育，有光滑面和擦痕		27~38	0.9~1.4	50~100	20~45	广西贵县、来宾、武宣

3. 膨胀土危害

一般黏性土都具有胀缩性，但其胀缩量不大，对工程的影响不大。而膨胀土的膨胀—收缩—再膨胀的往复变形特性非常显著。建造在膨胀土地基上的建筑物，随季节气候变化会反复不断地产生不均匀的抬升和下沉，而使建筑物破坏。破坏规律如下。

(1) 建筑物的开裂破坏具有地区性成群出现的特点，建筑物裂缝随气候变化不停地张开和闭合，而且以低层轻型、砖混结构损坏最严重。因为这类房屋整体性较差、重量轻，且基础埋置浅，地基土易受外界环境变化的影响而产生胀缩变形。

(2) 房屋在垂直和水平方向都受弯和受扭，故在房屋转角处首先开裂，墙上出现对称或不对称的八字形、X形裂缝。外纵墙基础产生水平裂缝和位移，室内地坪和楼板发生纵向隆起开裂。

(3) 膨胀土边坡不稳定，地基会产生水平方向和垂直方向的变形，坡地上的建筑物损坏要比平地上更严重。

另外，膨胀土的胀缩特性除使房屋发生开裂、倾斜外，还会使公路路基发生破坏，堤岸、路堑产生滑坡，涵洞、桥梁等刚性结构物产生不均匀沉降，导致开裂等。

4. 膨胀土的分布

膨胀土的矿物成分主要为蒙脱石、伊利石。一般根据其黏土矿物的主要含量分为以蒙脱石为主和以伊利石为主两大类。以蒙脱石为主的主要分布在我国的广西、云南、河南、河北等地区；以伊利石为主的主要分布在我国的安徽、山东、湖北、四川等地区。

8.4.2 涨缩性指标

1. 自由膨胀率 δ_{ef}

自由膨胀率 δ_{ef} 是指研磨成粉末的干燥土样，浸泡于水中，经充分吸水膨胀后所增加的体积与原干体积的百分比，按下式计算：

$$\delta_{ef} = \frac{V_w - V_0}{V_0} \tag{8.4}$$

式中：V_w ——膨胀稳定后测得试样的体积，mL；

V_0 ——试样原有的体积，mL。

自由膨胀率是一个重要的指标，可用来初步判别是否为膨胀土。一般来说，自由膨胀率大的土，其膨胀性也较强。

2. 膨胀率 δ_{ep}

膨胀率 δ_{ep} 是指在不同压力作用下，处于侧限条件下的原状土样在浸水膨胀稳定后，试样增加的高度与原高度之比，按下式计算：

$$\delta_{ep} = \frac{h_w - h_0}{h_0} \tag{8.5}$$

式中：h_w——土样浸水膨胀稳定后的高度，mm；

h_0——试验开始时土样的原始高度，mm。

膨胀率反映了在不同压力作用下膨胀土膨胀后孔隙比的变化。膨胀率和压力之间是反向变化的关系，压力越小，膨胀率越大。

3. 线缩率 δ_s

线缩率是指土的垂直收缩变形与原始高度之百分比，按下式计算：

$$\delta_s = \frac{h_0 - h}{h_0} \times 100\% \tag{8.6}$$

式中：h——试验中某时刻测得的土样高度，mm；

h_0——试验开始时土样的原始高度，mm。

4. 收缩系数 λ_s

收缩系数是原状土样在直线收缩阶段内，含水量每减少1%时，所对应的竖向线缩率的改变值。按下式计算：

$$\lambda_s = \frac{\Delta \delta_s}{\Delta \omega} \tag{8.7}$$

式中：$\Delta \delta_s$——两点含水量之差对应的竖向线缩率之差值，%；

$\Delta \omega$——收缩过程中，直线变化阶段内，两点含水量之差，%。

8.4.3 膨胀土场地及地基评价

1）膨胀土判别

膨胀土的判别是解决膨胀土地基勘察、设计的首要问题。其主要依据是工程地质特征与自由膨胀率 δ_{ef}。当 $\delta_{ef} \geqslant 40\%$，且具有上述膨胀土野外特征和建筑物开裂破坏特征，胀缩性能较大的黏性土，应判定为膨胀土。

2）膨胀潜势

不同胀缩性能的膨胀土对建筑物的危害程度明显不同，故判定为膨胀土后，还要进一步确定膨胀土的胀缩性能，即胀缩强弱。根据自由膨胀率 δ_{ef} 的大小，膨胀土的膨胀潜势可分为弱、中、强三类，如表8-9所示。

表8-9 膨胀土的膨胀潜势分类

自由膨胀率/%	膨胀潜势
$40 \leqslant \delta_{ef} < 65$	弱
$65 \leqslant \delta_{ef} < 90$	中
$\delta_{ef} \geqslant 90$	强

3) 胀缩等级

根据建筑物地基的胀缩变形对低层砖混结构房屋的影响程度，膨胀土地基的胀缩等级可按表 8-10 分为Ⅰ、Ⅱ、Ⅲ级。等级越高，其膨胀性越强，以此作为膨胀土地基的评价。

表 8-10　膨胀土地基的膨胀等级

地基分级变形量 S_c/mm	等　级
$15 \leqslant S_c < 35$	Ⅰ
$35 \leqslant S_c < 70$	Ⅱ
$S_c \geqslant 70$	Ⅲ

8.4.4　处理措施

在膨胀土地基上修建建筑物或者构筑物，应采取积极预防的措施，这些工程措施可从以下几个方面来着手考虑。

1. 建筑措施

(1) 为减少大气对膨胀土的胀缩影响，基础最少埋深不小于 1m。

(2) 屋面排水宜采用外排水，水落管下端距散水面不应大于 300mm，并不得设在沉降缝处，排水量较大时应采用雨水明沟或管道排水。

(3) 膨胀土地区建筑物的室内地面设计应根据使用要求分别对待，对使用要求严格的地面，可根据地基土的胀缩性采取相应的设计措施。三级膨胀土地基和使用要求特别严格的地面，可采用地面配筋或地面架空的措施。对使用要求不严格的地面，可采用预制块铺设。大面积地面应做分格变形缝。地面、墙体、地沟、地坑和设备基础之间宜采用变形缝隔开，变形缝均应填嵌柔性防水材料。

(4) 建筑体型应力求简单，符合下列情况应设置沉降缝：挖方与填方交界处或地基土显著不均匀处；建筑物平面转折部位、高度或荷重有显著差异部位；建筑结构或基础类型不同的部位。

(5) 场址选择时应选具有排水通畅，并有可能采用分级挡土墙治理、胀缩性较弱的地段，避开地形复杂、地裂、冲沟、浅滑坡发育或可能发育、地下水位变化剧烈的地段。总平面设计时宜使同一建筑物地基土的分级变形差不大于 35mm，竖向设计宜保持自然地形，避免大挖大填，应考虑场地内排水系统的管道渗水或排泄不畅对建筑物升降变形的影响。在坡地上建筑时要验算坡体的稳定性，考虑坡体的水平移动和坡体内土的含水量变化对建筑物的影响。对不稳定或可能产生滑动的斜坡必须采取可靠的防治滑坡措施，如设置支挡结构，排除地面及地下水、设置护坡等措施。

2. 结构措施

在膨胀地基上，应尽量避免使用对地基变形敏感的结构类型。设计时应考虑地基的胀缩变形对轻型结构建筑物的损坏作用。为了加强建筑物的整体刚度，可适当设置钢筋混凝

土圈梁或钢筋砖腰箍。可采取增加基础附加荷载等措施以减少土的胀缩变形。另外，还要辅以防水处理。建筑物的角端和内外墙的连接处，必要时可增设水平钢筋。

3. 地基处理

基础埋置深度的选择应考虑膨胀土的胀缩性、膨胀土层埋藏深度和厚度以及大气影响深度等因素。地基处理可采用如下方式。

(1) 增大基础埋深，可用于季节分明的湿润区和亚湿润区。

(2) 采用桩基，可用于大气影响深度较深、基础埋置深度大的情形。

(3) 换土，用于较强或强膨胀性土层出露较浅的场地。

(4) 做砂包基础，宽散水。

(5) 地基帷幕、保湿、暗沟、预浸水、灌浆法和电渗法等。

【案例 8-2】

某校图书馆地基为膨胀土，由试验测得第一层土膨胀率为 $\delta_{ep1} = 1.8\%$，收缩系数 $\lambda_{s1} = 1.3$，含水变化率为 $\Delta\omega = 0.01$，土层厚度为 $h_1 = 1300\text{mm}$；第二层土膨胀率为 $\delta_{ep2} = 0.8\%$，收缩系数 $\lambda_{s2} = 1.1$，含水变化率为 $\Delta\omega_2 = 0.01$，土层厚度为 $h_2 = 1500\text{mm}$。

问题：

结合所学知识，试计算此膨胀土地基的涨缩变形量并判断涨缩等级。

8.5 红黏土地基处理

8.5.1 概述

红黏土是指在炎热湿润气候条件下的石灰岩、白云岩等碳酸盐系的出露区经长期的成土化学风化作用(又称红土作用)，形成的高塑性黏土物质，其液限一般大于 50%，通常为红色，故称为红黏土。红黏土一般堆积于洼地和山麓坡地，上硬下软，具有明显的胀缩性，有时还呈紫红色、棕红色、黄褐色等。红黏土的颗粒经水流再次搬运到低洼处堆积成新的土层，其颜色较未搬运者浅，常含粗颗粒，但仍保持红黏土的基本特征，这种液限大于 45% 的坡、洪积黏土称为次生红黏土。在相同物理指标时，次生红黏土的力学性能低于红黏土。

1. 红黏土的分布

红黏土及次生红黏土广泛分布在我国的云贵高原、四川东部、广西、粤北及鄂西、湘西等地区的低山、丘陵地带顶部和山间盆地、洼地、缓坡及坡脚地段。

2. 红黏土的工程特性

1) 基本特点

红黏土具有两大特点：一是土的天然含水量、孔隙比、饱和度以及塑性界限(液限、塑

红黏土.docx

限)很高，但却具有较高的力学强度和较低的压缩性；二是各种指标的变化幅度很大。红黏土中小于 0.005mm 的黏粒含量为 60%～80%，其中小于 0.002mm 的胶粒占 40%～70%，使红黏土具有高分散性。

红黏土的矿物成分主要为高岭石、伊利石和绿泥石。黏土矿物具有稳定的结晶格架、细粒组结成稳固的团粒结构，土体近于两相体且土中水多为结合水。

2) 裂隙性与胀缩性

红黏土的裂隙性：在坚硬和硬塑状态的红黏土层由于胀缩作用形成大量裂隙。裂隙的发生和发展速度极快，在干旱气候条件下，新挖坡面数日内便可被收缩裂隙切割得支离破碎，使地面水易侵入，土的抗剪强度降低，常造成边坡变形和失稳。

红黏土的胀缩性：有些地区的红黏土具有一定的胀缩性，如贵州的贵阳、遵义、铜仁；广西的桂林、柳州、来宾、贵县等。这些地区由于红黏土地基的胀缩变形，致使一些单层(少数为 2～3 层)民用建筑物和少数热工建筑物出现开裂破坏，有些地区红黏土的胀缩性很轻微，可不作膨胀土对待。红黏土的胀缩性能表现为以缩为主。

3) 地下水特征

红黏土的透水性微弱，其中的地下水多为裂隙性潜水和上层滞水，它的补给来源主要是大气降水，基岩岩溶裂隙水和地表水体，水量一般都很小。在地势低洼地段的土层裂隙中或软塑、流塑状态土层中可见土中水，水量不大，且不具统一水位。红黏土层中的地下水水质属重碳酸钙型水，对混凝土一般不具有腐蚀性。

8.5.2　红黏土地基的评价

(1) 红黏土的表层，通常呈坚硬—硬塑状态，强度高，压缩性低，为良好地基。可充分利用表层红黏土作为天然地基持力层。

(2) 红黏土的底层，接近下卧基岩面附近，尤其在基岩面低洼处，因地下水积聚，常呈软塑或流塑状态。该处红黏土强度较低，压缩性较高，为不良地基。

(3) 红黏土由于下卧基岩面起伏不平并存在软弱土层，容易引起地基不均匀沉降。应注意查清岩面起伏状况，并进行必要的处理。

(4) 岩溶地区的红黏土常有土洞，应查明土洞的部位与大小，进行充填处理。

(5) 红黏土的胀缩特性与网状裂隙，对土坡和基础有不良影响，基槽应防止日晒雨淋。

8.5.3　处理措施

因为各地区的地质条件有一定的差异，使得同一地区、同一成因和埋藏条件下的红黏土的地基承载力也有所不同。因此，在确定红黏土地基承载力时，应充分考虑地质条件、埋藏条件(如随埋深变化的湿度)和上部结构等情况。

为了有效地利用红黏土作为天然地基，针对其强度具有随深度递减的特征，在无冻胀影响地区、无特殊地质地貌条件和无特殊使用要求的情况下，基础宜尽量浅埋，把坚硬或硬塑状态的土层作为地基的持力层，既可充分利用表层红黏土的承载能力，又可节约基础材料，便于施工。此时，基础浅埋也不致由于地基土受大气变化影响而产生附加变形和强度问题。

红黏土一般强度高，压缩性低，对于一般建筑物，地基承载力往往由地基强度控制，而不考虑地基变形。但是，由于地形和基岩面起伏造成同一建筑地基上各部分红黏土厚度和性质很不均匀，从而产生过大的差异沉降，是天然地基上建筑物产生裂缝的主要原因。在这种情况下，按变形计算地基对于合理利用地基强度、正确反映上部结构及使用要求具有特别重要的意义，特别对 5 层以上的建筑物及重要建筑物应按变形计算地基。同时，还应根据地基、基础与上部结构共同作用原理，适当地加强上部结构刚度，提高建筑物对不均匀沉降的适应能力。

8.6 冻土地基处理

8.6.1 概述

在寒冷季节温度低于 0 摄氏度，土中水冻结成冰，此时土称为冻土。

1. 冻土的类别

冻土根据其冻融情况分为季节性冻土、隔年冻土和多年冻土。季节性冻土是指冬季冻结。夏季全部融化的冻土；若冬季冻结，一两年内不融化的土称为隔年冻土；凡冻结状态持续 3 年或以上的土称为多年冻土。多年冻土的表土层，有时夏季融化，冬季再结冰，也属于季节性冻土。随着土中水的冻结，土体产生体积膨胀，即冻胀现象。

2. 冻土的成因及危害

土发生冻胀的原因是冻结时土中水分向冻结区迁移和积聚的结果。冻胀会使地基土隆起，使建造在其上的建(构)筑物被抬起，引起开裂、倾斜甚至倒塌，使得路面鼓包、开裂、错缝或折断等。对工程危害最大的是季节性冻土地区，当土层解冻融化后，土层软化，强度大大降低。这种冻融现象又使得房屋、桥梁和涵管等发生大量沉降和不均匀沉降，道路出现翻浆冒泥等危害。因此，冻土的冻融必须引起注意，并采取必要的防治措施。

冻土.docx

3. 冻土的分布

我国多年冻土主要分布在青藏高原、天山、阿尔泰山地区和东北大小兴安岭等纬度或海拔较高的严寒地区。东部和西部的一些高山顶部也有分布。多年冻土占我国领土的20%以上，占世界多年冻土面积的10%。

8.6.2 物理力学性质

1. 按冻土中未冻水含量区分

(1) 坚硬冻土：土中未冻水含量很少，土粒被冰牢固地胶结。坚硬冻土的强度高，压缩性低；在荷载作用下呈脆性破坏。

(2) 塑性冻土：土中含大量未冻水，冻土的强度不高，压缩性较大。

(3) 松散冻土：土的含水率较小，土粒未被冰所胶结，仍呈冻前的松散状态。

2. 冻土的构造与融陷性

1) 冻土的构造

晶粒状构造：冻结时，水分就在原来的孔隙中结成晶粒状的冰晶。一般的砂土或冻结速率大、含水率小的黏性土，具有这种构造，如图 8-1(a)所示。

层状构造：土层在单向冻结并有水分转移时，形成层状构造。冰和矿物颗粒离析，形成冰夹层。在冻结速率小，冻结过程中有水分迁移的饱和黏性土与粉土中常见，如图 8-1(b)所示。

网状构造：在多向冻结条件下，由于水分转移成网状构造，称为蜂窝状构造，如图 8-1(c)所示。

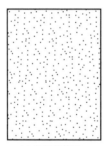 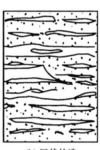 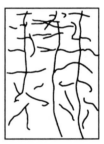

(a) 晶粒状构造　　　　　　(b) 层状构造　　　　　　(c) 网状构造

图 8-1　冻土的构造

2) 冻土的融沉性

融沉性是评价冻土工程性质的重要指标。晶粒构造冻土融沉性小，网状构造冻土融沉性大。融沉性应由试验测定，并以融沉系数 A_0 表示：

$$A_0 = \frac{h - h'}{h} = \frac{e - e'}{1 + e} \tag{8.8}$$

式中：h、e——分别为冻土试样融化前的厚度与孔隙比；

h'、e'——分别为冻土试样融化后的厚度与孔隙比。

$A_0 < 3\%$，为弱融沉；$3\% \leqslant A_0 \leqslant 10\%$ 为融沉；$10\% < A_0 \leqslant 25\%$ 为强融沉；$A_0 > 25\%$ 为融沉。

多年冻土的融化下沉性，根据土的融化下沉系数 δ_0 的大小，划分为不融沉、弱融沉、融沉、强融沉和融沉 5 级。冻土层的平均融沉系数 δ_0 按下式算：

$$\delta_0 = \frac{h_1 - h_2}{h_1} = \frac{e_1 - e_2}{1 + e_1} \times 100 \qquad (8.9)$$

式中：h_1、e_1 ——分别为冻土试样融化前的高度(mm)和孔隙比；

h_2、e_2 ——分别为冻土试样融化后的高度(mm)和孔隙比。

3. 冻土的特殊物理指标

(1) 相对含冰量 i_0(％)： $\quad i_0 = \dfrac{冰的质量}{全部水的质量}$

(2) 冰夹层含水率 ω_b(％)： $\quad \omega_b = \dfrac{冰夹层的质量}{土骨架的质量}$

(3) 未冻水含量 ω_r： $\quad \omega_r = (1 - i_0)\omega$

(4) 饱冰度 V(％)： $\quad V = \dfrac{冰的质量}{土的总质量} = \dfrac{i_0\omega}{1 + \omega}$

(5) 冰夹层含冰量 B_b(％)： $\quad B_b = \dfrac{冰透晶体和冰夹层体积}{冻土总体积}$

(6) 冻胀量 V_P：土在冰冻过程中的相对体积膨胀以小数表示，按下式计算：

$$V_P = \frac{\gamma_r - \gamma_d}{\gamma_r} \qquad (8.10)$$

式中，γ_r、γ_d 分别为冻土融化后和融化前的干重度，kN/m^3。

4. 冻土的抗压强度与抗剪强度

(1) 冻土的抗压强度：由于冰的胶结作用，冻土的抗压强度大于未冻土，并随气温降低而增高。在长期荷载下，冻土具有强烈的流变性，其极限抗压强度远低于瞬时荷载下抗压强度。

(2) 冻土的抗剪强度：在长期荷载下，冻土的抗剪强度低于瞬时荷载的强度。融化后土的黏聚力将大幅下降，因此可能造成事故。

5. 冻土地基的融沉变形

(1) 冻土融化前后孔隙比变化。

短期荷载下，冻土压缩性很低，可不计其变形。但冻土融化时，结构破坏，有的成为高压缩性的土体，产生剧烈变形。由图 8-2(a)冻土的压缩曲线可见，当温度由 $-\theta℃$ 至 $+\theta℃$ 时，孔隙比突变 Δe；图 8-2(b)表示融化前后孔隙比之差 Δe 与压力 p 的关系。在 $p \leqslant 500\text{kPa}$ 时，视为线性关系，以下式表示：

$$\Delta e = A + ap \qquad (8.11)$$

式中：A —— $\Delta e - p$ 曲线在纵坐标上的截距，称融化下沉系数；

a —— $\Delta e - p$ 曲线的斜率，为冻土融化时的压缩系数。

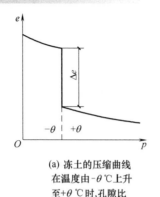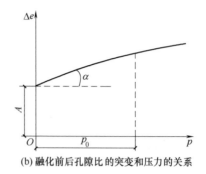

(a) 冻土的压缩曲线
在温度由 $-\theta$℃上升
至 $+\theta$℃时,孔隙比
有突变

(b) 融化前后孔隙比的突变和压力的关系

图 8-2　冻土融化前后孔隙比变化曲线

(2) 冻土地基的融沉变形 s 按下式计算:

$$s = \frac{\Delta e}{1+e_1}h = \frac{A}{1+e_1}h + \frac{ap}{1+e_1}h = A_0 h + a_0 ph \tag{8.12}$$

式中:　e_1——冻土的原始孔隙比;

　　　　h——土层融前的厚度,m;

　　　　A_0——冻土的相对融沉量(融沉系数), $A_0 = \dfrac{A}{1+e_1}$;

　　　　a_0——冻土引用压缩系数, $a_0 = 1 + \dfrac{a}{1+e_1}$,MPa^{-1};

　　　　p——作用在冻土上的总压力,即土的自重压力和附加压力之和,kPa。

8.6.3　处理措施

　　考虑到工程冻害均由地基土与基础构筑物共同作用而产生,工程中的防冻胀措施从总体讲可以分为两个方面:一方面是地基土改良;另一方面是基础和结构物抗冻胀。

1. 地基土改良

　　地基土改良主要有以下几种方法:机械法(粗颗粒土换填、强夯法)、热物理法(土体疏干、加固周围土体)、物理化学法(盐化、添加憎水物和电化学处理)和综合法(盐化加密)。

　　1) 机械法防冻胀措施

　　机械法防冻胀是基于改变土颗粒的粒度成分或接触条件,减少水分迁移的原理。它是挖除粉粒含量高的土并用较纯净的砂砾石换填以减少冻胀破坏的方法,主要是利用饱水粗颗粒土冻结时,水分不向冻结锋面迁移,而向相反方向迁移,因此,可避免强烈的分凝冻胀。非饱和粗颗粒土冻结时,虽然水分是向冻结锋面迁移,但比其他的土小得多。

　　2) 热物理法防冻胀措施

　　热物理法防冻胀措施是基于改变土中水热状况,减少水分迁移量的原理。铺设隔热层不但可以改变隔热层下土中的温度进程,而且可以把一维的水热迁移问题转化为二维问题,

以此来改变水分迁移的方向和强度。细颗粒土或者砂土上铺设隔热层，使得其下土层的温度高于邻近的土层，冻结迟缓，引起冻结时水分的双向迁移，即隔热层下土层的水分自下而上的垂直迁移和由隔热层下土层向邻近无隔热层的横向水分迁移。由于横向水分迁移先出现且强度较大，所以隔热层土层均处于脱水状态。

3）物理化学法防冻胀措施

物理化学法防冻胀措施是基于添加某种试剂改变土壤水的成分和性质或者改变土颗粒的集聚状态，减少水分迁移量的原理。盐化法通过在土中添加化学试剂，改变土中水溶液的溶质成分或浓度，减少土的冻结温度，使土层即使在负温下仍处于未冻状态或在较低的负温下冻结。利用电化学的方法，通过阳极端向阴极端的疏干排水，使土的渗透性降低，力学性能和冻胀量显著降低。一般来说，如果方法使用得当，物理化学方法防治冻胀效果是显著的，其主要缺点是代价昂贵且效果随冻融循环次数增多而减弱。

2. 基础和结构物抗冻胀

基础和结构物抗冻胀主要从结构物自身的设计和施工方面来改善其抗冻胀的能力。其主要有增加基础荷载及基侧单位压力，基础周围铺设防冻材料，加固基础锚固和改变基础断面形式及表面平整度等措施。

增大上部荷载可有效防治冻胀。季节冻土区内，土层由地表向下冻结，水分由下向上迁移，上部荷载通过基础底面向下传递。因此，由应力梯度引起的自上而下的水分迁移抵消了部分由温度梯度引起的自下而上的水分迁移量。试验表明，土的冻胀量随上部荷载增大按指数规律衰减。

在基础周围铺设防冻填料主要是通过切断水分补给通道的原理来实现。目前填料主要包括干燥卵砾石、垂直层状反滤层、憎水黏土层、放水聚合物、土工布(防渗补强)和沥青复合物或者油渣。

 本章小结

本章讲述了软土地基处理、湿陷性黄土地基处理、膨胀土地基处理、红黏土地基处理、冻土地基的相关知识。对所涉及的技术术语的含义要有明确的了解和深刻的记忆。其主要内容如下。

软土地基处理：概述、软土地基的评价以及处理措施。

湿陷性黄土地基处理：概述、影响黄土湿陷性的因素、黄土地基湿陷性评价以及处理措施。

膨胀土地基处理：概述、涨缩性指标、膨胀土场地及地基评价以及处理措施。

红黏土地基处理：概述、红黏土地基的评价以及处理措施。

冻土地基：概述、冻土地基的物理力学性质以及处理措施。

实训练习

一、单选题

1. 下列关于冻土的叙述，不正确的一项是(　　)。
   A. 冻土包括多年冻土和季节性冻土　　　　B. 具有融陷性
   C. 冻土为四相体　　　　　　　　　　　　D. 冻土不具有流变性

2. 湿陷性黄土一般呈黄色或黄褐色，其中粉土含量常占(　　)以上。
   A. 50%　　　　　　B. 60%　　　　　　C. 70%　　　　　　D. 80%

3. 某膨胀土的自由膨胀率(δ_{ef})为 75%，则该膨胀土的膨胀潜势为(　　)。
   A. 弱　　　　　　　B. 中　　　　　　　C. 强　　　　　　　D. 极强

4. 下列属于特殊土的是(　　)。
   A. 红黏土　　　　　B. 砂土　　　　　　C. 黄土　　　　　　D. 黏土

5. 不适用于软土地基的是(　　)基础。
   A. 桩　　　　　　　B. 独立　　　　　　C. 片筏　　　　　　D. 箱形

二、填空题

1. 外观以灰色为主，天然比大于或等于 1.0，天然含水量大于液限并且具有灵敏结构性的细粒土，通常称之为(　　)。

2. 湿陷性黄土的湿陷程度，可根据湿陷系数值 δ_s 的大小分为：当(　　)时，湿陷性轻微；当(　　)时，湿陷性中等；当(　　)时，湿陷性强烈。

3. 膨胀土是土中黏性成分主要由亲水性矿物组成，具有显著的(　　)和(　　)特性的一种黏性土，通常强度较高、压缩性低。

4. 红黏土具有两大特点：一是土的(　　)、(　　)、(　　)以及塑性界限(液限、塑限)很高，但却具有较高的力学强度和较低的压缩性；二是各种指标的变化幅度很大。

5. (　　)是指冬季冻结夏季全部融化的冻土；若冬季冻结，一两年内不融化的土称为(　　)；凡冻结状态持续 3 年或以上的土称为(　　)。

三、简答题

1. 软土有何工程特性？其处理措施主要有哪些？
2. 湿陷性黄土有何工程性质？如何判别黄土是否具有湿陷性？
3. 膨胀土地基的涨缩变形量如何计算？
4. 冻土主要分为哪几类？建筑物防冻胀措施有哪些？

第 8 章习题答案.doc

实训工作单 1

班级		姓名		日期	
教学项目		室内浸水侧限压缩试验			
任务	测定湿陷系数 δ_s			实验结果	绘制 $e-p$ 曲线
相关知识	取天然结构与天然含水率的原状试样数个，进行黄土湿陷试验。试验的设备与固结试验相同，环刀面积应采用 cm^2。				
其他项目					

现场过程记录

评语			指导教师	

实训工作单 2

班级		姓名		日期	
教学项目		现场学习试坑浸水试验			
学习项目	测定黄土的湿陷性		学习要求		了解现场试坑浸水试验
相关知识	试坑尺寸、沉降观测、浸水观测。				
其他项目					

现场过程记录

评语				指导教师	

参 考 文 献

[1] GB50007—2011 建筑地基基础设计规范[S]. 北京：中国建筑工业出版社，2011.

[2] GB50202—2013 建筑地基基础工程施工质量验收规范[S]. 北京：中国计划出版社，2013.

[3] GB/T50123—1999 土工试验方法标准[2007]版[S]. 北京：中国计划出版社，1999.

[4] GB50010—2010 混凝土结构设计规范[S]. 北京：中国建筑工业出版社，2010.

[5] GB50330—2013 建筑边坡工程技术规范[S]. 北京：中国建筑工业出版社，2013.

[6] JGJ1979—2012 建筑地基处理技术规范[S]. 北京：中国建筑工业出版社，2012.

[7] JGJ1994—2008 建筑桩基技术规范[S]. 北京：中国建筑工业出版社，2008.

[8] 陈书申，陈晓平. 土力学与地基基础[M]. 武汉：武汉理工大学出版社，2012.

[9] 陈希哲. 土力学地基基础[M]. 北京：清华大学出版社，1997.

[10] 张克恭，刘松玉. 土力学[M]. 北京：中国建筑工业出版社，2001.

[11] 张浩华，崔秀琴. 土力学与地基基础[M]. 武汉：华中科技大学出版社，2010.

[12] 刘国华. 地基与基础[M]. 北京：化学工业出版社，2010.

[13] 徐云博. 土力学与地基基础[M]. 北京：中国水利水电出版社，2012.

[14] 赵明华. 土力学与基础工程[M]. 武汉：武汉理工大学出版社，2003.

[15] 王杰. 土力学与基础工程[M]. 北京：中国建筑工业出版社，2003.

[16] 董建国，沈锡英，钟才根. 土力学与地基基础[M]. 上海：同济大学出版社，2005.

[17] 刘起霞，邹剑峰. 土力学与地基基础[M]. 北京：中国水利水电出版社，2006.

[18] 王钊. 基础工程原理[M]. 武汉：武汉大学出版社，2001.